HAPPINESS

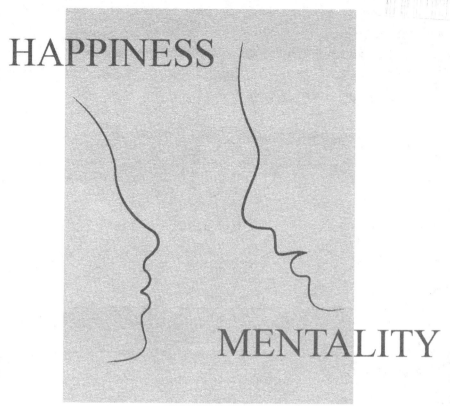

MENTALITY

享受身边的幸福

幸福是一种心态，而不是一种状态

希文◎主编

中华工商联合出版社

图书在版编目（CIP）数据

享受身边的幸福 / 希文主编 . -- 北京：中华工商联合出版社，2021.1（2024.2重印）
ISBN 978-7-5158-2942-5

Ⅰ . ①享… Ⅱ . ①希… Ⅲ . ①幸福－通俗读物
Ⅳ . ① B82-49

中国版本图书馆 CIP 数据核字（2020）第 235847 号

享受身边的幸福

主　　编：希　文
出 品 人：李　梁
责任编辑：董　婧
装帧设计：星客月客动漫设计有限公司
责任审读：傅德华
责任印制：迈致红
出版发行：中华工商联合出版社有限责任公司
印　　刷：三河市同力彩印有限公司
版　　次：2021 年 4 月第 1 版
印　　次：2024 年 2 月第 4 次印刷
开　　本：710mm×1000 mm　1/16
字　　数：168 千字
印　　张：13.25
书　　号：ISBN 978-7-5158-2942-5
定　　价：69.00 元

服务热线：010-58301130-0（前台）
销售热线：010-58302977（网店部）
　　　　　010-58302166（门店部）
　　　　　010-58302837（馆配部、新媒体部）
　　　　　010-58302813（团购部）
地址邮编：北京市西城区西环广场 A 座
　　　　　19-20 层，100044
http://www.chgslcbs.cn
投稿热线：010-58302907（总编室）
投稿邮箱：1621239583@qq.com

工商联版图书

版权所有　盗版必究

凡本社图书出现印装质量问题，
请与印务部联系。

联系电话：010-58302915

前言

　　幸福是什么？有人说事业有成就是一种幸福，有人说家庭和睦就是一种幸福，有人说身体健康就是一种幸福，有人说和自己深爱的人一起慢慢变老就是一种幸福……可见，对于幸福的定义，并没有一个统一的标准。

　　事实上，幸福是一种纯粹的个人感受。人生在世，不如意之事十之八九，生活中酸甜苦辣尽有，幸福与否主要看你的心态，看你如何感受生活。就像两个人同时在沙漠里发现了半瓶水，说"太好了，还有半瓶水"的人感受到的是幸福，说"真糟糕，只剩下半瓶了"的人感受到的是烦恼。而要感受幸福，首先要有一种健康向上的心态。

　　某报纸上曾经刊载过一幅这样的漫画：一个肥头大耳的男人，住在一个"福"字形的别墅里，他的头从别墅的窗户（"福"字中的"口"）中伸出来，问："福在哪里？"这个人真是"身在福中不知福"啊。古希腊哲学家德谟克利特说："幸福不在于占有畜群，也不在于占有黄金，它的居处在我们的灵魂之中。"如果你换一种心态去接受、去感受生活，也许你会得到更多的美好。

　　曾有智者这样告诫我们：你改变不了环境，但可以改变自己；你改变不了事实，但可以改变态度；你改变不了过去，但可以改变现在；你不能控制他人，但可以掌握自己；你不能事事顺利，但可以事事尽心；你不能左右天气，但可以改变心情；你不能选择容貌，但可以展现笑容……

在电视剧《老大的幸福》中，小五渴望荣华而难求富贵，老四渴求别墅而险为"房奴"，老三为了升官而差点惹官司上身，老二的巨额财富在瞬间蒸发。唯有傅老大，无论身在何处，无论身处顺境还是逆境，都能感受到幸福。其实，傅老大并无创造幸福的"独门绝招"，他有的只是一颗善于感受幸福的心。

幸福是一种心态，而不是一种外在条件。你的生活是否幸福，并不取决于你的生活水平，而取决于你的心态。如果你感觉自己是幸福的，你就是幸福的；如果你拥有积极向上的心态，你会发现生活中处处充满幸福的可能。

目录

第一章

放平心态，让人生更上一层楼

切不可"死要面子活受罪"

这个世界上总有些人"死要面子活受罪"，常常"打肿脸充胖子"，明明自己的能力有限，也不愿去寻求别人的帮助，生怕丢了"面子"，最后导致自己一事无成，更谈不上"有面子"了。

其实，人活在世上，"面子"固然也重要，可有些时候，也要学会放低姿态去面对生活。人如果总是昂着头走路，难免看不见脚下的石头，很容易摔跟头；相反，放低姿态，会生活得轻松很多。遇到解决不了的事情时，没必要一个人死撑着，该求人帮助的时候就要去求人帮忙，这样你的人生之路才不会走进死胡同里，才能越走越幸福！

生活中，大多数人放不下自己的"面子"，在需要他人帮助的时候百般纠结，没有勇气开口求助。诚然，每个人都知道求人帮忙的滋味可不好受，感觉上，好像只要一开口求人，就要比对方矮一截似的。但事实上，真正的求人，却并非如此，假如你有这样的想法，就说明你还没能摆正自己的心态，对求人帮忙这件事还存在不正确的认识。

的确，在这个世界上，求人办事的确不是件容易的事，而所谓求人难，往往并不难在事情难办，而是难在求人之人太要"面子"、难以开口。尤其是对于大部分中国人而言，"面子"是非常重要的，一遇到事情往往碍于情面，该开口的时候不敢开口，该要求的不敢要求，该批评的不愿批评，该拒绝的无法拒绝，结果导致自己失去了大好时机，牺牲了本属于自己的利益。

日常生活中，信奉"万事不求人"或"求人不如求己"的原则的人并不在少数，他们认为请求别人帮助是自己无能的表现，不免有些丢脸。还有人认为，少求人、多助人才是美德，助人令人感到自己高尚而有价值，而求人则等于是贬低自己的价值，所以常有"助人为快乐之本"的说法，而鲜有"求人为快乐之本"的说法。事实上，求人和助人本来就是一体两面的，有了一方的求助，才会有另一方施以援手的机会。如果每个人都只知道维护自己的面子，不求人，又怎能互相帮助、共同进步呢？

人与人之间的相处，少不了你帮我、我帮你，这并非是丢脸、无能的表现。而那些执着于面子、不肯求人的人，最后常常落得个"死要面子活受罪"的下场。

沈明涵是一家汽车销售公司的客户经理，一次，他被嫉妒他的人诬告，导致总裁对他产生不满，最后，总裁非常气愤地罢免了沈明涵的职务。面对打击，他没有消沉，而是立志重新开创一片天地。为此，他拒绝了数家优秀企业的招聘，而接受当时濒临破产的广告公司的邀请，担任总经理。

到任后，他首先进行了员工改制，提高了员工的工作效率及对公司的信心。随后，他借助自己多年来积累的客户资源，成功地为公司接了不少广告单子，大大增加了公司的收入。他规定，主管人员如果没有达到预期的目标就扣除25%的奖金，还率先垂范，规定在没走出困境之前，公司高层管理人员减薪10%。

这一措施推出后，有人赞成，有人反对，反对的人是公司的元老，他们认为这样损害了他们的利益。沈明涵冷静地对待这一切，并且自己只拿1000元的象征性月薪，让反对他的人无话可说。

为了争取银行的贷款，沈明涵四处游说，四处求人。有一次，由于过度劳累，他直接昏倒在公司的办公室里。但是，为了扭转公司的局面，沈明涵依然不辞辛劳地工作，勇于面对各种压力和困难。结果，他领导的广告公司终于走出了困境，到第二年的第三季，公司获得的净利高达数千万元。沈明涵也就从此成为广告界的传奇人物。沈明涵取得巨大成功的秘诀，他自己坦言就只有四个字——"放下面子"！

现如今，成功不能只靠一个人的努力，成功离不开他人的帮助，而如何说服别人帮助你，这就要看你的本事了。如果这个时候你自己放不下身份、放不下"面子"，那只能和成功无缘了。所以说成功离不开好的心态，而其中最重要的就是能屈能伸，能够放低姿态，低调做人。因此，如果你想要获得成功，收获幸福，你就必须培养自己的良好心态，并且积极地掌控自己的情绪，使之适应不同办事对象、办事环境，这一点也是非常重要的。成功的人大都是"处险而不惊，遇变而不怒"的，如果你也能及时控制调整自己的情绪以适应办事的需要，那么你办起事情来就会容易、顺利得多。

放下"面子"，其实并没有你想象中那么困难。反之，若死守"面子"，就会既办不成事、达不到目的，还有可能损失更多的利益。因此，摒弃"死要面子活受罪"的心态，是通向成功、幸福的第一步！

放低姿态，学会自嘲

生活中，我们难免会遇到一些令自己或者他人尴尬的事情，这个时候你若大动干戈或者摆出一副盛气凌人的姿态，只能让事情变得更加尴尬。反之，若是你能够用自嘲的方式轻松化解尴尬，效果就会大不相同。毕竟，没有人会反对你拿自己开玩笑，而再尴尬的局面也会在幽默的话语中被化解。所以，聪明的你不妨把自己当作"嘲笑"的对象，这样一来不但可以消除紧张、焦虑的情绪，而且可以使人际关系更加和谐。要知道，没有人是完美无瑕的，坦白承认自己的缺点，就能把"缺点"化为个人独有的特点，这才是上上之策。

某酒店正在举行一次高端的酒会，到场的全是一些社会名流，还有很多记者。这时，一个服务员在开酒的时候不慎将红酒溅到了一位穿着华丽的女士身上。服务员吓得手足无措，全场人目瞪口呆，这位女士却微笑着说："太神奇了，你怎么知道我一直觉得这件晚礼服有些单调呢？虽然现在装饰它的是红酒，不过值得庆幸的是，这是一瓶82年的经典窖藏。"在场的人闻声大笑，尴尬局面即刻被打破了。这位女士拿自己开玩笑，既展示了自己的宽广胸怀，又化解了尴尬局面。

由此可见，适时适度地开自己一个玩笑，不失为一种应对尴尬局面的良策，同时对于正处在尴尬境地的我们而言，也不失为一种体现自身修养的做法，是一种充满魅力的交际技巧。开自己的玩笑，不仅能制造宽松和谐的交谈气氛，还可以让自己活得轻松洒脱，让他人感受到你的胸怀和智慧，甚至还能有效地起到维护"面子"的作用。

生活中，我们每天都要和不同的人打交道，难免会有不好意思或者怯场的时候。此时，若是对自己的表现耿耿于怀，只会增加自己的紧张。为了使自己不陷入尴尬之中，你应该洒脱一些，学会开自己的玩笑。

事实上，坦率地把自己的缺陷用幽默的方式讲出来，不仅不会引起他人的反感，反而可以得到他人的好感与尊重，让人们看到你非同寻常的气度。假如你在演讲的时候突然忘词了，此时与其红着脸低着头，你不妨大方地说："瞧，演讲对我来说还真有些难度，虽然我练了好几个晚上，还是出现了失误，这也让我意识到，我需要学习和加强的地方还真是不少呢！抱歉了。"这时，大家就会原谅你一时的失误，对你报以理解和体谅。相反，如果你明知自己错了，却想方设法掩饰、装腔作势，或者非常不好意思，自己对自己耿耿于怀，只会令众人扫兴。因此，在气氛陷入尴尬的时候，能够大胆地同自己开个玩笑是很明智的行为能活跃一下气氛，引起别人对你的接近。

当你处于非常窘迫的境地中时，机智地自嘲一下，是摆脱窘境的好方法，也是展示人格魅力的法宝。同时，你的机智与幽默也能够给身边的人带来一份轻松之感，让彼此的沟通变得更加和谐。当你因为自身的缺陷或失误而陷入尴尬境地时，如外貌的缺陷、言行的失误等，你不妨将这些问题大大方方地说出来，并巧妙地开自己一个玩笑，这样做不仅不会让自己难堪，反而能够更好地展示自己的自信以及潇洒不羁的交际魅力。

总之，在社交场合中，大家若能记住这样一句话——"不论你想笑别人怎样，先笑你自己"。那么，无论是在工作中还是生活中，你都会成为一个受欢迎的人。

为人低调，处事淡然

韩三平在中国影视圈里无疑是一个相当成功的人物，但在生活中，他却并没有安于享受自己身份地位带来的荣誉，而是行事低调内敛，这一点可以说是非常难得，也是所有人都该学习的，因为在成功后骄傲自大很容易，但在成功后依旧保持内敛和低调却并不是那么简单。

日常生活和工作中，我们常常会遇到这样的人，他们虽机智聪明，口若悬河，但一开口就出言不逊，给人以狂妄自大的印象，因此别人很难接受他们的观点或建议。同时，这种人往往以自我为中心，喜欢表现自我，唯恐他人不知道自己有能力，处处显示出自己的优越感，企图获得别人的尊敬。然而，结果常常适得其反，他们不仅不会受人尊敬，反而总是引起他人的反感。

其实在人际交往的过程中，我们若以低姿态出现在他人面前，更容易让对方认可、接受；而毫不谦虚，妄自尊大的人，往往引起他人的反感。

某公司拿到一个很重要的项目，按照公司的业绩提成制度，该项目主管会得到一笔数目不小的奖金。老板很高兴能拥有这样一位得力的助手，庆幸自己没有看错人，于是决定在公司的例会上把他推为典型，以此激励其他员工，并特意安排这位主管作演讲。

然而，这位主管在演讲中，把自己的业绩归功于自己调配人员是如何有技巧、处理大订单时如何的果断和聪明以及如何辛苦加班。他说的这些确实没错，可以说没有丝毫的夸张，他一直都是这么做的。他很坦然地接受同事对他的祝贺和上司对他的表扬，却从始至终没有对老板的信任表示感谢，更没有提及同级部门的合作和下属的努力。下属和同事们开玩笑要他请客庆祝一番的时候，他却一本正经地说："得奖金的人是我，你们用得着这么起劲吗？下次我会拿更多，到时再考虑考虑……"

可是到了下个月，这位主管不仅没有拿到奖金，还因为没有完成销售任务被扣掉了当月奖金。可悲的是，他没有注意到下属越来越懒散，老板也开始故意为难他了。

一个人即使有才华，也需要藏拙，这是一种能量的内敛，也是保护自己的有效手段。善于藏拙之人不会把自己的精力浪费在无谓的人际斗争中，他们不卷进是非、不招人嫌、不招人妒，他们不动声色地把自己要做的事情做好，这才是最重要的。

英格丽·褒曼在获得两届奥斯卡最佳女主角奖后，因在《东方快车谋杀案》中的精彩表演，又获得最佳女配角奖。然而，她在领奖时，却一再称赞与她角逐最佳女配角奖的弗纶汀娜·克蒂斯，她认为应该获奖的是这位落选者，并由衷地说："原谅我，弗纶汀娜，我事先并没有打算获奖。"褒曼作为获奖者，没有喋喋不休地叙述自己的成就与辉煌，而是对自己的对手推崇备至，极力维护了对手的"面子"。无论这位对手是谁，都会十分感激，并且认定她是自己可以交心的朋友。

一个懂得低调处世的人能尽量远离灾祸，而一个疏忽的人却会经常被烦恼缠身。为人处世，我们应常常有如履薄冰之感、如临深渊之慎，时时处处谨言慎行，这样才不会招惹麻烦，也不会铸成大祸。

低姿态才能飞得更高

生活中，时常有这样一群人，他们或许机智聪明，能力出众，但却长着一张天生爱炫耀自己的嘴巴，喜欢表现自我，总是向他人炫耀自己的能力和成就。他们这样做的目的是希望得到他人认可与敬仰，但事实上，却常常事与愿违，得到的大都是人们的不屑与疏远。

其实，一个人若能够以低姿态出现在他人面前，更加容易让对方认可、接受，这样的人，即便是获得了很小的成就也很容易得到他人的称赞；反之，若一味地自大妄为，就算干出惊天动地的大事儿，也很难得到他人的好感，获得他人发自内心的称赞。

在我们身边，为什么有的人活得那么累，而有的人却活得很轻松、很快乐？这其中有一个如何做人的问题。人要想活得不累，活得自如，活得让人喜欢，最直接有效的办法，就是学会谦卑处世、低调做人。谦卑处世和低调做人，不仅可以保护自己、融入人群，与人们和谐相处，也可以让人暗蓄力量、稳步前行。

美丽的花最容易招人采摘，而一朵不显眼的花，反而更能够自由自在地开放。低调之人给人的感觉是内敛而不张扬、彬彬有礼而不盛气凌人，不显山露水，也不锋芒毕露。这种做人的低姿态，能够避免别人的反感与嫉妒之心。

不过，在这个张扬个性的时代，更多的人（特别是年轻人）遇事喜张扬，遇人好显摆。我们经常看到一些人，有十分的才能，就要十二分地表现出来，生怕别人不知道。他们往往有着充沛的精力、很高的热情以及一定的能力，但他们说起话来咄咄逼人，做起事来不留余地，最终还是难以取得大的成就。

俗话说：枪打出头鸟。先出头的鸟最容易成为猎人眼里的靶子，为人处世也是同样的道理。木秀于林，风必摧之；行高于众，众必非之。要想不成为别人眼里的靶子，最好是自己主动要放下身段，低调做人。

人的低调之一体现在不轻易出头，体现在多思索、少说话。不要让人以为你是个爱抢风头的人，这样容易激起嫉妒，产生矛盾和冲突。

但是，有些人可能会问：我们每天忙碌奔走，不就是希望自己能够有一天出人头地吗？如果事事都不出头，怎么会有出人头地的那一天呢？其实想出人头地并不是什么错，每一个对自己有事业心、对家人有责任感的人，都有一种出人头地的愿望。因此，做人做事，我们要适当出头，但不可"强出头"。所谓"强出头"，"强"在两层意思：

第一，"强"是指"勉强"。也就是说，本来自己的能力不够，却偏偏要勉强去做。当然，我们承认一个人要有挑战困难的决心与毅力，但挑战一定要有限度。明知山有虎，偏向虎山行，如果没有足够的能力，何必去送死？如果一定要打虎，先练练功夫才是最明智的选择。失败固然是成功之母，但我们不是为了成功而去追求失败。由于自不量力而导致的失败，不仅会折损自己的壮志，也会惹来一些嘲笑。

第二，"强"是指"强行"。也就是说，自己虽然有足够的能力，可是客观条件尚未成熟。所谓"客观条件"是指"大势"和"人势"，"大势"是大环境的条件，"人势"是周围人对你支持的程度。一个人若无"大势"支撑，以本身的能力强行"出头"，往往事倍功半，很难成功；而人若无"人势"支持，想强行"出头"，很可能遭到别人的打压排挤，也会伤害到别人。

放低姿态，不轻易出头，你的身心就能多一份轻松自在，你的生活就能多一份轻松快乐。

谦逊是快乐与进步的源泉

做人谦逊与否，与一个人的心情好坏有莫大的关系。首先，一个谦逊的人不会把自己看得那么重要，一些在别人眼里莫大的"伤害"与"耻辱"，在他们眼里或许不值一提。他们把自己的分量掂量得很清楚，因此别人放不下的东西他们却容易放得下。

此外，谦逊的人恪守的是一种平衡关系，也就是让周围的人在与自己相处的过程中达到一种心理上的平衡，而不会感到自卑或失落。古人有"满招损，谦受益"的箴言，忠告世人要虚怀若谷，对人对事的态度不要骄狂，否则就会使自己四处树敌，被世人讥笑和瞧不起。总之，谦逊的人不会受到别人的排斥，而是容易得到他人和群体的接纳和喜欢。

托马斯·杰斐逊（1743—1826）是美国第3任总统。1785年他刚担任驻法大使，一天，他去法国外长的公寓拜访。

"您代替了富兰克林先生？"外长问。

"是接替他，没有人能够代替得了他。"杰斐逊回答说。

杰斐逊的谦逊给世人留下了深刻印象。谦逊的目的，并不在于使我们觉得自己渺小，而是让我们以更积极的心态去不断充实自己，并为社会做出贡献。除了杰斐逊以外，爱因斯坦和甘地等伟人，都是谦逊为怀的代表者。当然，他们并不自卑，他们对自己的知识和改变世界、造福人类的理想充满了信心。

谦逊绝非自我否定，而是自我肯定，谦虚体现的是一个人为人的正直与尊严。谦逊之人对于过去的失败有所警惕，对于现在的成功也有清醒的认识，他们不会让成败支配自己。谦逊即是宁静，使我们不致受往日失败的拖累，也不致因今日的成功而自大。谦逊是一种情绪的调节器，使我们保持平和的心态和前进的动力。

谦逊至少具有下列 8 种"成分"：

（1）诚恳：诚以待己，诚以待人；

（2）了解：了解自己所需，了解他人所需；

（3）知识：保持自己的本色，不必模仿他人；

（4）能力：提高聆听与学习的能力；

（5）正直：建立自我的内在价值感，并忠于这份感觉；

（6）满足：保持平和的心态，感恩自己所拥有的一切；

（7）渴望：寻求新境界、新目标，并且付诸实行；

（8）成熟：学会处变不惊，从容应对生活中的一切遭遇。

谦逊并不表示自卑，相反，它是快乐与成功的源泉。英国小说家詹姆斯·巴利的话更为中肯："生活，即是不断地学习谦逊。"

在别人心中，你没那么重要

人之所以看重"面子"，其实是过于在乎别人的评价：没有名牌衣服，参加同学聚会时会不会被别人看不起？说自己失业太"没面子"了，还是说自己从事自由职业吧……

当你在意别人的评价时，有没有想过：别人真的有那么在意你吗？

张先生是某公司的部门经理，因为工作变动调到了一个新的部门，这个部门在公司的地位似乎没有以前的部门高，所受的重视也不如以前。于是他总是担心别人会有什么其他的想法，例如"这个人怎么回事，是不是犯了错误而被降职了"等等。虽然是正常的工作调动，但他还是担心别人会说些什么，于是没事时待在家中很久也没有露面。

有一天，他在大街上遇到一个熟人，熟人问："你不做老总啦？调到哪儿去了？"张先生回答："不做了，调到另一个部门去了。"对方说："好呀，祝贺你！"张先生笑笑说："有时间去玩呀。"然后作别。但是张先生心里有一种淡淡的酸楚感觉，害怕熟人是在笑话他。

过了不久，张先生恰巧在某处又碰到了那位熟人，熟人又问："听说你不做老总了，调哪儿去了呢？"他只得将以前的话又重复了一遍："我调到另一个部门去了，有时间去玩。"

回到家，张先生想起刚才的对话，豁然开朗，一下子悟出了一个道理：是呀，自己整天担心别人说什么，担心别人因为某些事而看轻自己，其实别人根本没把这些事情放在心上，没有人会整天把注意力放在自己身上。于是，张先生不再躲在家里，他开始和原来一样同朋友们聚会聊天，他发现大家依然是那样的热情，依然是那样的真诚和开心。

我们在生活中遇到的许多烦恼，比如说了什么不得体的话、被他人误会了什么或遇到了什么尴尬的事等等，大可不必耿耿于怀，更不必揪住所有人去做解释，因为事情一旦过去，没有人还有耐心去理会别人曾经说过的一句闲话、一个小的过失和疏忽等。你那么念念不忘，说不定别人早已忘记了，这不是自寻烦恼吗？反过来我们也可以问问自己，别人的一次失误或尴尬，真的会总在你的心头挥之不去，让你时时惦念吗？你对别人的言行举止真的就是那么关心，甚至超过关心自己吗？如果你的答案是否定的，那么别人对待你的态度也就不言自明了。

每个人都忙于应付自己的生活、处理自己的事情，没有哪个人整天把注意力放在评价别人上。只要你不对别人造成什么伤害，只要不是损害了别人的什么利益，没有什么人会对你的失误或尴尬太在意的，你自己耿耿于怀的事情，别人或许早已忘在脑后。所以你要明白，在别人的心中，你并没有那么重要。

敢于正视和承认自己的不足

有个希腊穷人到雅典的一家银行应聘门卫工作，人家问他会不会写字，他很不好意思地说："我只会写自己的名字。"他因此没能得到这份工作，无奈之下他借了点钱去另找出路，渡海去了美国。

几年后，他竟然在事业上获得了巨大成功。一位记者建议他说："您该写本回忆录。"这位企业家却在众多媒体人物到场的情况下笑着说："我写不了，因为我根本不识字。"

记者大吃一惊，企业家却很坦然地说："任何事有得必有失。如果我会写字，也许现在我还只是个门卫。"

这位企业家并没有因为自己是一个有身份的人而掩饰自己不识字的事实，他认为诚实才是做人的根本。

"诚实"二字说来容易，却有很多人都做不到，他们不诚实的表现之一就是不懂装懂。其实世界这么大，新鲜事物那么多，一个人不可能对所有的事物都了解，对所有的知识都掌握，大千世界中必定有你所不知道或知之甚少的东西，这是再正常不过的事，所以说没有必要不懂装懂。要知道，不懂装懂的做法一旦被别人识破，反而更会让人瞧不起，那滋味恐怕更不好受。

生活中常有这样一些人，到处充当"无所不知"先生。每当人们谈起一个有兴趣的问题时，他就不知从什么地方钻出来，接过话头信口胡说："这个嘛，我知道……"信口开河地胡吹一通，最后必然会在人前丢丑。

其实，本着老老实实的态度做人处事，在与人讨论问题的时候，"知之为知之，不知为不知"，勇于承认自己有不懂的知识，坦率地向内行人请教，反倒是能够留给人们极好的印象。同时自己因谦虚也可以得到不少新的知识，亦不必因自欺欺人而感到内心不安。

这个道理听起来很简单，但是对于有些人来说，道理好懂，做起来却难，在现实生活中，人们为了自己的"面子"，往往还是会选择掩饰自己的不足和无知。

一位研究生说他曾遇到过这样一件事：由于学位论文在正式答辩前要送交专家审阅，他便把他写的有关宇宙观的哲学论文送交给一位德高望重的物理系教授，请他多多指教。但他没有想到的是，这位老前辈第一次约见他的时候就诚恳地对他说：

"实在对不起，你论文中所写到的物理学理论我还不太懂，请你把论文多留在我这里一段时间，让我先学习一下有关的知识后再给你提意见，好吗？"

这位研究生当时简直不敢相信自己的耳朵，因为这样一位物理学的权威，竟然敢于当着一位还没有毕业的研究生的面承认自己在物理学领域还有不懂的东西！

老教授大概看出了这位研究生内心的疑惑，爽朗地笑了起来："怎么了，这很奇怪吗？一点都不奇怪！物理学的发展日新月异，新知识层出不穷，好多东西我都不了解，而我过去学过的东西有很多现在已经陈旧了，我的当务之急是不断学习。"

老教授的这番话使这位研究生佩服得五体投地：这才是真正的学者风度！他回想起自己经常在同学面前强撑"面子"，不了解的事情也硬着头皮凭着一知半解去"发挥"，想想真是十分惭愧！

在他做论文答辩时，有一位外校的教授向他提出了一个他不懂的问题，他虽然觉得非常紧张，担心自己当场出丑，更担心答辩不能通过，但一看到坐在前面的那位物理系教授，顿时下定决心，勇敢地说出"我不知道"。他原以为在场的人会发出讥笑，但出乎他意料的是，那位教授满意地点了点头。答辩会一结束，老教授就把他叫到一边，详细告诉了他那个问题的来龙去脉，使他大受感动。

德高望重的老教授敢于向青年人承认自己的"不懂"，使研究生对他更加尊敬；研究生深受教育，在答辩时面对难题，也承认了自己知识的不足，同样受到他人的赞赏。可见，承认"不知道"不但可在人们的心目中增加可信度，消除人际关系中的偏执和成见，开阔视野，增长知识，而且还有另外一大益处：使自己更富有想象力和创造力。

承认错误也是一种体面

是人都难免犯错。如果你发现自己错了，最好不要死扛着不认错，这样不仅活得累，而且活得不坦荡。不如坦白承认自己的错误，然后想办法弥补和改正，这样才能变错误为正确。

有一位教师，他们学校对他的教学工作颇有微词。一位和他相识的教授曾说了一些看不起他的话，这些话被传到他耳里，他只好忍气吞声。后来有一天他接到这位教授的来信。那时教授已离开了学校，调到某新闻媒体从事编辑工作。教授来信说，以前误会了他，希望得到原谅。此时，这位教师的各种敌意便立刻烟消云散了，他极其感动，马上回信并表示敬意。从此，他们便成了好朋友。

由此可以看到，在他人面前承认自己的错误不但可以修补破裂的关系，而且可以增进感情，但鼓起勇气承认自己的错误却不是一件容易的事情。有一位名人曾经说过："人们敢于在大众面前坚持真理，但往往缺乏勇气在大众面前承认错误。"有些人一旦犯了错误，总是列出一万个理由来掩盖自己的错误，这无非是"面子"在作怪。他们以为，一旦承认自己的错误就伤了自尊，就是丢了自己的"面子"。这种想法，无异于制造更多的错误，真可谓错上加错。

古人说过："人非圣贤，孰能无过，过而能改，善莫大焉。"意思是说，人都会有过失，只要能认识自己的过失，认真改正，就是品德高尚的表现。孔子曾把"过失"比喻为日食与月食，无论怎样掩饰大家都会看得清清楚楚。因此，最好的办法是坦诚地承认自己的错误，通过承认错误表现出谦虚的品格。知道自己犯了错误，立刻用对方欲责备自己的话自责，并且采取措施加以弥补，这是聪明的应对方法，这会使双方都感到愉快。

每个人都有自己的自尊心和荣誉感，如果肯主动承认自己的错误，这不仅不会使自尊受到伤害，还会体现出品格的高尚。事实上，主动承认自己的错误，不但可以增加相互之间的了解和信任，而且能增进自我了解进而产生自信心。有时候，人们非要等到自己看见并接受自己所犯的错误时，才能真正了解自己的能力。

当年的亨利·福特二世就是从错误中学习，并在改正错误时真正了解自己的能力的。亨利·福特二世 26 岁时接任了美国福特汽车公司的总裁。上任后，他通过一系列的变革和创新，扭转了公司亏损的局面。有人问他，如果让他从头再来的话，会有什么不同的表现。他回答道："我只能从错误中学习，因此，我不认为自己可能有什么与众不同的作为，我只是尽量避免重犯不同的错误而已。"

承认自己的错误并不是什么耻辱，而是真挚和诚恳的表现。认错时一定要出于真诚，不能虚情假意。承认错误是希望纠正错误，这本身就是值得尊敬的一件事情。假如你没有错，就不要为了息事宁人而认错，否则，这是没有骨气的做法，对任何人都无好处。

如果你说过伤人的话、做过损害别人的事，坦诚地承认自己的错误能在某种程度上弥补你对他人造成的伤害，而且能提醒你不要再犯类似的错误。不明智的人才会找借口掩饰自己的错误。假如你发现了自己的错误，就应尽快地承认自己的过错，这不仅丝毫不会有损于你的尊严，反而会提升你的品格。

学会藏拙，低调做人

在秦始皇陵兵马俑博物馆，有一尊被称为"镇馆之宝"的跪射俑。这尊跪射俑是保存最完整的、唯一一尊未经人工修复的秦俑。秦兵马俑坑至今已经出土各种陶俑 1000 多尊，除跪射俑外，其他皆有不同程度的损坏，需要人工修复。为什么这尊跪射俑能保存得如此完整？

原来，这得益于它的低姿态。首先，跪射俑身高只有 1.2 米，而普通立姿兵马俑的身高都在 1.8 至 1.97 米之间，较低的位置使得跪射俑遭到的破坏较少，位置较高的兵马俑对其形成了保护作用。其次，跪射俑作蹲跪姿，右膝、右足、左足三个支点呈等腰三角形支撑着上体，重心在下，增强了稳定性，与两足站立的立姿俑相比，不容易倾倒、破碎。因此，在经历了两千多年的岁月风霜后，它依然能完整地呈现在我们面前。

由跪射俑的低姿态联想到我们的做人之道：一个人若能在人群中保持低姿态，才高不自诩，位高不自傲，也同样可以避开无谓的纷争，在显赫时不会招人嫉妒，在受挫时不会遭人贬损，能让自己生活得更平静祥和。

嫉妒是人性的弱点之一，朋友之间、同事之间、兄弟之间、夫妻之间、父子之间，都可能有嫉妒存在。而这些嫉妒情绪一旦处理失当，就会形成足以毁灭一个人的可怕力量，特别是发生在朋友、同事间的嫉妒情绪，对工作和交往会造成更大的麻烦。

朋友、同事之间嫉妒的产生有多种情况。例如："他的能力不见得比我强，可是职位却比我高。""他和我是同班同学，在校成绩又不比我好，可是竟然比我发达，比我有钱！"在工作中，如果你升了官、受到上司的肯定和奖赏或者获得了某种荣誉，那么你就有可能被别人嫉妒。此时你应该尽快在心态及言行方面做如下调整：不要凸显你的得意之情，更不要向他人炫耀，以免刺激他人，徒增他人的嫉妒情绪，或是激起其他更多人的嫉妒，否则你的洋洋得意必然换来苦果。把做人的姿态放低，对人更有礼，更客气，千万不可有倨傲侮慢的态度，这样就可在一定程度上减少别人对你的嫉妒，使你的人际关系更加和谐。对于嫉妒你的人，你还可以指出并赞扬对方有而你没有的长处，这样或多或少可消弭他对你的嫉妒。

遭人嫉妒绝对不是什么好事，因此必须以低姿态来化解，这种低姿态其实是一种非常高明的做人之道。学会低调做人，就是要不炫耀、不故作姿态、不卷进是非、不招人嫌、不招人厌，即使你认为自己满腹才华，能力比别人强，也要学会藏拙。

第二章

"糊涂"中有人生真味

"糊涂"之人才不会活得累

经常会听身边的人说："活得真累！"似乎许多人都活在一种压抑、烦躁、郁闷的情绪之中。究其"累"的原因，主要还是事事较真，缺乏"糊涂"意识，遇到什么事都看不开，甚至别人说句话也要翻来覆去地考虑，总想从中琢磨出个"言外之意"。这样活着怎么会不累呢？

人与人在交往过程中难免会产生矛盾。有了矛盾，平心静气地坐下来交换意见、解决矛盾固然是上策，但有时事情并非那么简单，此时倒不如"糊涂"一点好。正如郑板桥所说："退一步天地宽，让一招前途广……糊涂而已。"

"糊涂"可给人们带来许多好处：

其一，"糊涂"可以减少生活中不必要的烦恼。当我们与其他人发生冲突和摩擦时，如若斤斤计较，患得患失，往往越想越气，这样于事无补，于身体也无益。如能做到遇事"糊涂"些，自然烦恼就少得多，生活就会更加轻松快乐。

其二，"糊涂"可以使我们集中精力于事业。一个人的精力是有限的，如果把注意力都放在个人待遇、名利、地位上，或把精力白白地花在钩心斗角、玩弄权术上，就不利于工作、学习和事业的发展。世上有所建树者，都有"糊涂功"。清代"扬州八怪"之一郑板桥自命糊涂，并以"难得糊涂"自勉，他不争名逐利，潜心钻研艺术，其诗画造诣在他的"糊涂"当中达到一个极高的水平。

其三，"糊涂"有利于消除隔阂，以图长远。《庄子》中有句话说得好："人生大地之间如白驹之过隙，忽然而亡。"人生苦短，又何必为区区小事而耿耿于怀呢？即使别人有愧于你之处，你也不妨"糊涂"些，不去计较，这样反而能感动人，从而改变人，消除彼此的芥蒂与隔阂。

其四，遇事"糊涂"也可算是一种心理防御机制，可以避免外界的打击给人带来心理上的创伤。郑板桥曾书写"吃亏是福"的条幅，其下有云："满者损之机，亏者盈之渐。损于己则益于彼，外得人情之平，内得我心之安。既平且安，福即在是矣！"正是这样的信念，才使得郑板桥老先生在被罢官后，骑着毛驴离开官署去扬州卖书，对自己的得失浮沉毫不在意，依然活得逍遥自在。"糊涂"作为一种心理防御机制，可以避免或减轻精神上的刺激和痛苦，使人维持较为良好的心境。

人活一世，草木一秋，谁不愿自己活得自然、自由、自在呢？谁不愿自己生活得潇洒、轻松、愉快呢？要想活出这样的状态，就要学会"糊涂"。

为人处世要宽容

聪明的人从不会为了小事而斤斤计较，他们都知道要想拥有幸福的人生，必须让自己有大度的胸襟和非凡的气量，只有这样才能从容地应对生活中的得失悲欢；反之，如果你度量狭小，嫉贤妒能，总是对身边的人百般挑剔，眼里容不了别人，心中装不下任何事，最后聪明反被聪明误，你必将失去人心，失去事业，更会失去幸福的生活。

和谐的人际关系是一个人获得幸福生活的必要条件，而要想建立和谐的人际关系，关键在于宽容他人。宽容之人不会用苛刻的标准去要求别人，他们尊重他人的自由权利，能充分发掘和赞美他人的优点，同时包容和接纳他人的缺点，因此能真正地受到他人的欢迎。而一味对人吹毛求疵、斤斤计较的人，只会被身边的人渐渐疏远甚至排斥，和谐的人际关系当然也无从谈起。

在中国提到潘石屹的名字，几乎没人有不知晓，而在新的一年即将来临之时，他却做了三件让人意想不到的事情，也正是这三件事，让他告别了过去一年中的痛苦和烦恼。

第一件事：他把多年以来借了自己的钱却没有能力还上的同学、朋友的名字都写在一张纸上，然后用打火机将那张纸烧掉，让所有的旧账随着这张纸化为灰烬，并主动问清了他们的地址，给他们一一拜年，重新找回当年的友谊；

第二件事：他把曾经伤害过他、欺骗过他、令他记恨的人列了个名单，把这张名单也用火烧掉了！对他来说，每天烦恼他的就是这些人、这些事，现在他把这些都烧掉了，相当于把过去的恩怨一笔勾销，没有了仇恨，心里反而安宁了；

第三件事：他把自己这么多年来自己伤害过、亏欠过的人的名字都写下来，并通过各种方式找到了他们的联系方式，一个一个打电话过去道歉，请求对方的原谅，让自己成为一个没有情感亏欠的人，他说这样他才能活得心安理得。

潘石屹说："当我做完这些事情后，我走出房间，站在阳台上，下午的阳光十分明媚，我觉得自己从未感到如此轻松，我甚至有种如同大病初愈的感觉，感到身心是那么放松、愉悦。"

包容他人是一种非凡的气度、宽广的胸怀，对别人的释怀，也是对自己的善待，这是我们都应该懂得的真理。宽容的心态不仅是一种生存的智慧、生活的艺术，更是一种看透了社会人生以后的从容、自信和超然。

生活中，我们要学会宽容，宽容地面对生活，对待身边的人或事，因为宽容不仅是一种成熟的标志，更是一种修养和境界的体现。

宽容是一种人生境界，我们应该不断努力去追求。纵观有所成就的人，他们在生活中常常不会与人进行无谓的争吵，也不会以压倒对方为乐趣，即便是在自己有理的时候，也很少会穷追不舍，逼人家认错，而是克制自己的好胜心，成全对方的自尊心，自己退一步，找台阶给对方下。在物质利益面前，他们也能克制自己的欲望，尽可能地把方便、利益让给他人。这种宽容大度、吃亏让人的品格无疑会赢得较高的社会评价和良好的人际关系，最终带来幸福的生活。

大千世界，无奇不有，也许你身边的朋友做出的某些事情让你无法理解，甚至让你有些气愤，此时，你该怎么做，与对方争吵吗？真正明智的人从来不会这样做，因为他们明白每个人都有着自己的想法，不能以自己的标准去要求所有人。每个人有着自己的生活方式，我们应该学会包容，允许不同生活理念的存在，懂得尊重别人的选择，认同别人的生活方式，并予以真诚的赞美。

因此，人应该拥有容纳百川的胸怀，这样你的人际关系才会越来越广，处事也会越来越顺利；反之，如果你总是斤斤计较，不愿接纳别人一点点的小过失，那么，你就只能成为孤家寡人，纵使你有再大的理想抱负，也无法成就一番事业。

综上所述，要想拥有良好的人际关系和幸福的生活，要想成就一番事业，就必须让自己的心绪变得平和，拥有宽容的心态，善于理解别人。在生活中，面对那些你想不通的事情，与其让自己钻牛角尖，不如换个位置，站在对方的角度去思考，去判断，也许就能够理解并宽容对方。如果一个人总是对身边的人吹毛求疵、不懂得体谅，身边的人也就无法成为他前进的助力，反之还会阻碍他的道路；反之，那些懂得宽容的人，不会为了小事而斤斤计较，总是能包容、体谅别人，这样别人才能悦纳他，他也才能走得更远，无论是在成功的路上，还是在追求幸福的路上。

不要对仇恨耿耿于怀

"一只脚踩扁了紫罗兰，它却把香味留在那脚跟上，这就是宽恕。"这是马克·吐温曾说过的一句话，这句话深刻而明了地阐释了何为宽恕。

生活中，我们难免在一些事情上与人发生争执或产生不和，也难免会受到他人的攻击，每当这个时候，我们很可能产生报复心理，即便现在没有能力报仇，也要把仇记下来，他日定当以牙还牙、如数奉还……但我们心中的仇恨伤害不了任何人，除了我们自己，它会让我们耿耿于怀，寝食难安，不停地用别人的错误来惩罚自己。太多人不明白，让我们痛苦的其实往往不是别人曾经的过失，而多半是我们自身的坏情绪，我们被这些坏情绪所控制，因而生活在痛苦之中。

这个时候，若我们能放下怨恨，便会释然的多。诚然，宽恕曾经伤害过我们的人是很难的，因为他的某些言语或举动可能使你很长时间都陷入苦痛的感觉之中，甚至使你失去了生命中宝贵的东西……但无论受到怎样的伤害，仇恨都不是我们解脱的途径，我们要做的不是活在对昨天的回忆中，而是应该好好地珍惜眼下的幸福，放眼未来，这样我们才能抛开愤怒，去原谅那些伤害过我们的人，我们也因此能够获得内心的平静，宽恕他人在某种程度而言也是对我们自己的宽恕，毕竟，活在仇恨的日子是绝不好过的！

李立明和张炜是大学同学，李立明的家境很好，而张炜出身农村，家庭条件较差。那个时候，张炜时常感到很自卑，有一次学校同学聚会，去 KTV 唱歌，张炜千方百计地推脱，说自己有事儿不去，和张炜同宿舍的李立明了解张炜的情况，他猜想张炜可能是因为没有钱而不去，就告诉张炜他出钱，但张炜还是不去。后来，李立明知道原来张炜是碍于面子，觉得自己穿的衣服不好所以不愿意去，于是，他就把自己的一套衣服借给张炜穿，张炜对李立明心存感激。

到了 KTV，大家果然对张炜的形象大为称赞，尤其是班上有一个女孩，更是和张炜走得很近。然而这却让李立明感到很不舒服，因为那个女孩是他的"梦中情人"，李立明也曾多次对女孩表露心声，无奈始终没有得到女孩的回应，今天他本想借此机会和女孩拉近关系，没想到风头全被张炜抢走了，李立明顿时感到心里很不舒服，便一个人喝起闷酒来。

聚会快结束的时候，李立明已经喝得东倒西歪了，听到张炜说要送女孩回家，心里大为不高兴，冲上去一把抓住张炜的衣领，对着女孩说："我就不明白了，你到底看上他什么！要不是我借他这身衣服，你能看上他吗？"李立明借着酒劲说个没完，张炜松开李立明的手，想要解释，却不料衬衫一下子就被李立明被扯烂了，李立明见状后对张炜说："我告诉你，这身衣服很贵的，你要赔给我，我好心借衣服给你，你却这样对待我，你明明知道我喜欢她……你就是一个卑鄙小人……"

听着李立明的话，张炜脸一下子就红了，虽然大家都觉得李立明说得过分，但张炜还是觉得很没面子，他脱下外套丢给李立明，然后一个人跑掉了，一路上，他发誓一定要把今天所受的侮辱都还给李立明。

回到宿舍之后，张炜便找老师主动调换了宿舍，虽然李立明也来找过张炜，对那天的酒后失言表示过歉意，但对张炜来说，一两句道歉是绝对不够的，他每天都在心里计算着怎么才能让李立明出丑，上课时想，睡觉时也想，渐渐地，张炜的成绩开始大幅下滑，而他却又将这些事情加到了李立明都上，就这样，张炜对李立明的积怨越来越深。

期末会考，张炜从名列前茅一下子变成了名落孙山，他恨，他觉得这一切都是李立明的错。

考完试后，大家决定再出来聚聚，这次让大家都很意外，张炜显得非常主动，还主动找李立明一起来，大家都以为他们两个人冰释前嫌了，却没想到张炜提前在网上订购了一种迷药，想等到聚会的时候给李立明下药，让他大大的出丑。在聚会上，张炜把已经放好药的啤酒递给李立明，本想着他喝下去后出丑，结果，李立明喝下去没多久便昏倒在地、不省人事，被送到医院抢救很久才醒过来，医生说是中毒导致的，随后警方也介入到此事中来，没多久，警方就查出是张炜在啤酒中下了毒，就这样，张炜被警察抓了起来，被拘留15天，最后被学校开除了。

张炜因为自己的难以释怀，最终让仇恨把自己的生活拖入了深渊，其实李立明并非存心要侮辱他，只是酒后失言，对于张炜而言，为了他人的过错而折磨自己值得吗？因为无法释怀而跟自己过不去，甚至走上了极端的复仇之路，搭上了自己原本可以幸福的生活，这一切真的值得吗？

本来张炜也可以拥有自己的人生，他考上了大学走出了山村，他原本有机会追求更大的梦想，但因为放不下心中的仇恨，对一些事情无法释怀，禁锢了自己的心灵，任仇恨肆无忌惮地发展，导致了眼前不可收拾的局面，如果他能早预料到自己的结局，恐怕他是绝对不会那么做的吧！因此我们不能任心中的仇恨不停生长，而是要早一点释怀，摆脱仇恨的枷锁，宽恕别人的过错，这对自己而言更是一种心灵的解脱。

二战期间，法西斯的部队给太多人带来了不可磨灭的伤害，很多人对法西斯及其部队充满着仇恨。

那天，法西斯终于投降了，大街不远处缓缓地走过来一群被押解的法西斯战俘，人们闻讯纷纷聚集过来，每个人都瞪着眼睛恶狠狠地看着这些战俘，想到他们的恶行，人们恨得牙痒痒。

这个时候，一个中年妇女从街对面跑过来，离她最近的一个战俘是一个伤员，一只腿上绑着绷带，头上也缠着绷带，看到气势汹汹的中年妇女，他下意识地后退了一两步，一个趔趄摔在了地上。女人抬起脚，想要狠狠地踹上一脚，却在落脚的一瞬间犹豫了。战俘蜷缩着头，半天也没见女人落脚，睁开眼睛，看到女人站在自己的身边。

女人看着战俘，她看到眼前的这个人也就20岁出头，和自己死去的儿子年龄差不多，那一瞬间，她犹豫了，她没有办法去踹他，因为战争不是他的错，而他或许也是被迫卷入战争的受害者。女人想着把自己怀里的半个面包递给那个战俘，战俘愣了，没敢接，女人把面包直接放在了战俘的手上，战俘拿着面包马上啃了起来，边吃边呜咽着，而那个女人也蹲在地上大声哭了起来……

宽恕曾经伤害过我们的人绝对不是一件容易的事情，因为已经造成的伤害是难以挽回的，但换个角度去思考，不宽恕便会成为仇恨，一个人长期生活在仇恨与愤怒之中，难道不是对自己的另一种伤害吗？仇恨会让你迷失自己，迷失幸福的生活，而在宽恕中你可以开拓美好的未来。毕竟一切恩怨已经过去，我们更应该面向阳光，珍惜眼前的生活。虽然这不是一件容易的事，但是如果我们这样做了，就会从中体验到安宁与幸福。

做人不能太较真

"水至清则无鱼，人至察则无友"。一个人太较真了，就会对什么都看不惯，连一个朋友都容不下，把自己同社会隔绝开。镜子很平，但在高倍放大镜下，就好似凹凸不平的山峦；肉眼看很干净的东西，拿到显微镜下，满目都是细菌。试想，如果我们戴着放大镜、显微镜生活，恐怕连饭都不敢吃了。再用放大镜去看别人的毛病，恐怕没有谁不是罪不可赦、无可救药。

人非圣贤，孰能无过。与人相处就要互相谅解，经常以"难得糊涂"自勉，求大同存小异，有度量，能容人，这样就会有许多朋友，且左右逢源，诸事遂愿；相反，一个人若总是吹毛求疵，眼里不揉半粒沙子，过分挑剔，什么鸡毛蒜皮的小事都要论个是非曲直，容不得他人，人家就会躲你远远的，最后，你只能沦为孤家寡人。古今中外，凡是能成大事的人都具有一种优秀的品质，那就是能容人所不能容，忍人所不能忍，善于求大同存小异，团结大多数人。他们极有胸怀，豁达而不拘小节，大处着眼而不会目光如豆，从不斤斤计较，纠缠于非原则性的琐事。

不过，要真正做到不较真，也不是一件简单的事，需要有良好的修养，还要有换位思考的意识，善于从对方的角度去考虑和处理问题，多一些体谅和理解。比如，有些人一旦做了官，便容不得下属出半点毛病，动辄横眉立目，下属畏之如虎，时间久了，必积怨成仇。这些人若能调换一下位置，设身处地为对方着想，也许一切问题都会迎刃而解。

清官难断家务事，在家里更不要去较真儿，否则你就愚不可及。一家人之间哪有什么原则立场的大是大非问题，何必非要分出个高下对错呢？假如你在家里还像在外面一样小心谨慎，每说一句话、做一件事还要翻来覆去地考虑，还要顾忌影响和后果，掂量再三，那不仅可笑，也太累了。所以，处理家庭琐事要采取"糊涂"的策略，大事化小，小事化了，这样才能创造和谐的家庭，才能实现"家和万事兴"的美好愿望。

处处精明不如"糊涂"

在日常生活中，有一类非常"精明"的人，他们处处要显得比别人更加"神机妙算"，更加投机取巧。他们总在算计着别人，以为别人都比他们傻，因此他们可以从别人身上揩点油，占点便宜，好像他们这样做就会过得比别人好。这种人因为功利心太重，把功利目的当作处理人际关系的首要目标，所以他们生活过得很累，很紧张，谈不上有什么乐趣。

由于他们常想着算计别人，占别人的便宜，所以他们肯定也会产生相应的防范心理，即担心别人也可能在算计他，要侵占他的利益，所以，他们处处提防，时时警惕，总是疑神疑鬼。别人随意说的一句话，做的一件事，就可能给他们造成心理刺激，让他们翻来覆去地琢磨，生怕别人有什么谋划会使他们吃亏。这些过于"精明"的人，性情往往都不开朗，神经都相当过敏，总是疑心重重，这就是他们时常算计别人导致的后果。

其实，真正聪明的人都知道，做人不能"精明"过头。的确，过日子有时需要精打细算，才能把日子安排得既合理，又过得舒服。但是在处理人际关系时，过于"精明"、爱算计的人很难和人搞好关系，很难讨人喜欢。所以，即使他在物质上比人暂时多享受点，但在精神上付出的代价则更大。此外，过于"精明"的人也会引起他人的警惕，甚至是打压。明代政治家吕坤以他丰富的阅历和对历史人生的深刻洞察，在《呻吟语》中写下这样一段十分精辟的话："精明也好十分，只需藏在浑厚里作用。古今得祸，精明人十居其九，未有浑厚而得祸。今之人唯恐精明不至，乃所以为愚也。"《红楼梦》中的王熙凤，不可谓不精明，结果是"机关算尽反误了卿卿性命"！

如果我们想要把日子过得舒服一些，靠算计别人绝不可能达到目的。真正聪明的人懂得建立真诚、信赖、友好的人际关系，碰到难处互相帮助，有了好处大家分享。要想建立这样的关系，就要求我们每一个人在个人利益上都不能太"精明"，不能斤斤计较。相反，大家相互谦让，相互帮助，互惠互利，这样才能让人际关系少有功利，多有温情，让人们有安全感、不必处处抱有戒心，让每个人的生活都变得更好。

一个真正聪明人不会患得患失，也不会囿于世俗中的鸡毛蒜皮之事而无法自拔，他们懂得"难得糊涂"的人生智慧。这样的人自然会心胸开阔，为人豁达，把日子过得有声有色，有滋有味。

"糊涂"何尝不是另一种明白

吕端在担当北宋参政大臣、初入朝廷的那天，有个大臣指手画脚地说："这小子也能做参政？"吕端佯装没有听见而低头走过。有些大臣替吕端打抱不平，要追查那个轻慢吕端的大臣姓名，吕端赶忙阻止说："如果知道了他的姓名，怕是终生都很难忘记，不如不知为上。"

在外人看来，吕端是多么糊涂的人啊。而当他们知道了吕端"糊涂"的原因后，莫不惊叹不已。吕端明白自己很难做到不记恨轻慢自己的人，同时也明白这种记恨对人对己都没好处，因此干脆就选择"糊涂"——不去追究是谁轻慢自己。这种"糊涂"是一种难得的人生智慧和境界。

古往今来，无数圣贤智者在参悟人生后，都悟出了"糊涂"的道理，他们用各自不同的语言加以表述：孔子将其取名"中庸"；老子将其取名"无为"；庄子将其取名"逍遥"；释迦牟尼将其取名"忘我"；墨子将其取名"非攻"；东晋诗人陶渊明则说"此中有真意，欲辩已忘言"……直到清代，名士郑板桥更是直截了当地宣称："难得糊涂！"

所谓"糊涂"，并非整天浑浑噩噩、无所作为。"糊涂"是一种不斤斤计较的大度，是一种超脱物外的高洁，是一种无欲无求的潇洒。"糊涂"之人并不是真的糊涂，他们只是因为把世事都看清了、看透了、明白了，清醒到了极致，在俗人的眼里成了糊涂而已。

这种世事洞明而不斤斤计较的"糊涂"，其实就是所谓的"大智若愚"。其中的"愚"，是指有意糊涂。该糊涂的时候，就不要顾忌自己的面子、自己的学识、自己的地位、自己的权势，一定要糊涂。而该聪明、清醒的时候，则一定要聪明。由聪明而转糊涂，由糊涂而转聪明，则必左右逢源，不为烦恼所忧，不为人事所累，这样你也必会有一个幸福、快乐、成功的人生。

一个人若能真正达到"糊涂"的境界，还会有什么想不通、看不开、放不下呢？

有些往事不需要"记得"

"小雨，对不起，我说过一定要赚100万才回来见你，但是我没有……"一对久别的恋人重逢，男人对女人这么说。

"是吗？我怎么不记得了。"女人回答。

"我不应该指责你贪财，是我不对。"男人继续忏悔。

"你有过这样的指责吗？我怎么不记得了？"女人回答。

无论他们之间的感情是否还在，"不记得"都是一种最好的回答。在"不记得"的基础上，双方可以重新开始，也可以就此结束，无论如何，他们都可以消除过去的恩怨，只留下美好的回忆。

有些人只要一打开话匣子，就唠唠叨叨没个完，无论多少年前陈芝麻烂谷子的事，都能记得一笔不漏。这些人不懂得"忘记"那些不愉快的往事，给自己增加了无尽的心理负担，他们怎么会活得轻松快乐呢？

有人记恩不记仇，也有人记仇不记恩。一个人，只要看看他一生中记住些什么，忘记些什么，就能从大体上看出他的心胸、气度和人品。记恩不记仇的人，一般都豁达大度，为人磊落，懂得感恩而不计前嫌；记仇不记恩的人，一般都胸怀狭隘，心境阴暗，报复心强。

人生中有许多苦痛和悲哀，有许多令人厌恶和心碎的东西，如果把这些东西都储存在记忆之中的话，人生必定越来越沉重，越来越难以承受。既然如此，一个人"健忘"一点、"糊涂"一些有什么不好呢？它能够使我们忘掉伤心事，减轻我们的心理负担，净化我们的思想意识；可以把我们从记忆的苦海中解脱出来，忘记那些令我们痛苦的往事，用积极的心态面对未来，享受生活。

有些人为记忆而活着，他们执着于过去，不肯放下；还有一些人却生性"健忘"，过去的失去与悲伤对他们来说都是过眼烟云，他们不计较过去，不沉迷于往事，而是活在当下，展望未来。

当然，人不能全部将过去忘记。别人对你的好，你要记得，而应该忘记的，首先是过去的仇恨。一个人如果在心中种下仇恨的种子，就会被报复的念头所纠缠，一生可能都不会得到安宁。二要忘记过去的忧愁。多愁善感的人，情绪长期处于压抑之中而得不到释放，最终影响身心健康。愁伤心，忧伤肺，忧愁的结果必然多疾病。《红楼梦》里的林黛玉不就是如此吗？在我们生活中，忧愁并不能解决任何问题，反而给自己徒增伤害，所以忧愁是应该忘记的。三要忘记过去的悲伤，一个人如果长时间的沉浸在悲伤之中，对于身体健康是有很大影响的。与忧愁一样，悲伤也不能解决任何问题，只是给自己、给他人徒添烦恼。理智的做法是应当学会忘记悲伤，尽快走出悲伤，为了他人，也为了自己。

"人生不满百，常怀千岁忧"，若是抱着这样的心态生活，有何快乐可言？在生活中选择性"健忘"的人，才活得潇洒自如。

有些声音不需要"听见"

这个世界似乎很嘈杂，我们的耳膜里总是充斥着各种各样的声音。有些声音让你开心，有些声音让你尴尬，有些声音会让你恼火……

有一位叫露丝的美国女士，她最喜欢说的一句话是："你说什么我没听到哦。"这句话，给她的生活与事业带来了双丰收。

在露丝举行婚礼的那天早上，她在楼上做最后的准备，这时，她的母亲走上楼来，把一样东西放在露丝手里，然后看着她，用从未有过的认真语气对露丝说："我现在要给你一个今后一定用得着的忠告，你一定要记住：要成就一段美好的婚姻，必须对某些话做到充耳不闻。"

说完后，母亲在露丝的手心里放下一对软胶质耳塞。正沉浸在一片美好祝福声中的露丝感到十分困惑，不明白母亲在这个时候把一对耳塞放到她手里究竟是什么意思。但没过多久，她与丈夫第一次发生争执时，便明白了母亲的苦心。"她的用意很简单，她是用一生的经历与经验告诉我，人在生气或冲动的时候，难免会说出一些未经考虑的话，而此时，最佳的应对之道就是充耳不闻，权当没有听到，而不要用同样伤人的话回击。"露丝说。

对露丝而言，这句话产生的影响并非仅限于婚姻。作为妻子，她用这个方法化解与丈夫的冲突，维护自己的婚姻；作为职场人，她用这个方法处理与同事之间的关系，从容应对职场社交。她告诫自己，愤怒、怨憎都是无意义的，因为每一个人都可能因为一时激动而说出一些伤人或未经考虑的话。此时，最佳的应对之道就是暂时关闭自己的耳朵——"你说什么，我没听到哦……"

有些话明明听到了，却要说没听到，而且要真正做到"没听到"、不放在心上，这当然不是一件容易的事。但正是因为不容易，才区分出一个人情商的高低。你也许不能一下子跃升到露丝的境界，但不妨从现在起、从对待身边的人开始，当他们说出一些你不愿听的话时，试着做到"听不到"……万事开头难，但开头之后，只要不断坚持下去，或许就"习惯成自然"了。

第三章

乐天知命，给生活一张笑脸

每个人都有着看不见的笑容

道森先生是个坏脾气的老头子，镇上的每个人都知道这一点。小孩们知道不能到他的院子里摘美味的苹果，甚至掉在地上的也不能捡，因为据他们说，老道森会端着他的弹丸猎枪跟在你后面追。

一个周五，12 岁的珍妮特要陪她的朋友艾米过夜。她们去艾米家的途中要路过道森先生的房子。当她们离道森家越来越近时，珍妮特看见道森先生坐在前廊，于是她建议她们到街的另一边走。跟大多数孩子一样，珍妮特听过他的故事，对他很是害怕。

艾米说别担心，道森先生不会伤害任何人。但每向前走一步，离老人的房子越近，珍妮特就越紧张。当她们走到道森家的房子那里，道森抬起了头，一如既往地皱着他的眉头。但当他看到来的人是艾米，一个灿烂的笑容让他整个表情都变了，他说："你好，艾米小姐，我看见今天有位小朋友陪你。"

艾米也对他微笑，告诉他珍妮特会陪她过夜，他们要一起听音乐玩游戏。道森告诉她们这听上去很有趣，给她们每人一个从他的树上刚摘下来的苹果。她们很高兴地接受了，因为道森的苹果是镇上最棒的。

走到道森听不到的地方，珍妮特问艾米："每个人都说他是镇上最不好打交道的人，但他为什么对我们这么好呢？"

艾米说当她第一次路过他家时，他不是很友好，这让她害怕。但她假装他有着看不见的微笑，所以她总是对他回之以微笑。过了一段时间，终于有一天，他也对她露出了一点笑容。

再过了些日子，他开始发自内心地对她笑了，并开始和艾米说话。开始只是打个招呼，后来话越来越多。她说他现在总给她苹果，态度也总是很友善。

"假装他有看不见的笑容？"珍妮特问。

"是的，"艾米回答道，"我奶奶告诉我如果我假装不害怕，假装他有看不见的笑容，然后对他微笑，总有一天他会真正对我微笑。奶奶说笑容是可以互相感染的。"

如果我们记住艾米奶奶说的，每个人都有着看不见的笑容，然后对他们报以微笑，我们会发现大多数人最终是无法抗拒我们的微笑的。

给别人一个微笑是多么简单的事情，但由此得到的收获却是难以衡量。记住：笑容是可以互相感染的，人人脸上有笑容——只是有一些是我们没有看见而已。

让微笑变成一种习惯

一位著名的作家曾经说过这样一句话："快乐并不总是幸运的结果，它常常是一种德行，一种英勇的德行。"在现实生活中，我们每天都可以让自己快乐，都可以做一个不一样的自己：我们可以清晨带着微笑起床，然后高高兴兴地出门；一个人的时候对自己微笑，打招呼的时候对对方微笑；工作时、休闲时都把微笑挂在嘴边……这样我们便成为了一个不一样的自己，就会养成快乐生活的好习惯，就会有越来越多的人愿意与你接触，因为此时的你能够带给身边的人快乐。

没错，微笑就是具有如此神奇的力量，它能够改变我们的生活。在美国一位心理学博士开展了一项名为"微笑改变人生"的实验，他找来很多志愿者参加实验，教导那些在生活中不怎么微笑的人学会微笑，并观察这些人在微笑面对人生之后生活的变化轨迹。

实验之初，博士要教导这些平时很少微笑的人如何微笑，他告诉每个志愿者，他们必须学会让自己放松，并鼓励自己开怀一笑。一位已做了爸爸的中年男人在参加实验5个月后，微笑让他的生活发生了巨大的变化。他感到很快乐，因为微笑可以消除人与人之间的距离与隔阂。

由此可见，常常展现笑容，生命才有生机，生活才有趣味。

微笑是我们与生俱来的本领，也是人类表情中最美的表情之一，能令人好感顿生。

但是，许多人天生就不愿笑，或者说很少微笑，时常摆出一副冷冰冰的面孔，令人望而却步。其实，微笑是一件多么简单又多么有益的事情，何乐不为呢？

张晋大学毕业来到某公司上班，上班第一天他显得很紧张，一整天他一句话也没说，而且面无表情，只是坐在自己的座位上，不停地看着公司的资料。

在随后的几天里，张晋依旧如此，因为生性不善言谈，也没有人主动和他说话，他就只好一个人待在座位上。就这样一周的时间过去了，张晋意外地发现，和自己一同进入公司的另外三个人似乎已经和老员工们打成了一片，而自己却还像个局外人，有时候去请教老员工一些问题，他们也不会像和那三个人说话时那样态度亲切。于是，张晋开始紧张起来，他不知道是不是自己哪里做错了。

　　这样纠结的日子又过了一周，一天晚上，下班后的张晋没有吃饭，而是坐在自己的房间发愁，他的爸爸看到了，便询问缘由，于是，张晋把自己在公司的经历告诉了爸爸，没想到爸爸却哈哈笑了起来，张晋不明白，便问："这很好笑吗？"

　　他的爸爸却说："你就是缺少了这样的笑容，才会和别人关系疏远。如果你从明天开始把微笑挂在嘴边，并且微笑着对待身边的每一个人，我保证不出一周，你也会成为公司受欢迎的人！"

　　第二天，张晋按照爸爸说的话去做了，起初他还半信半疑，结果几天过去了，他果然赢得了大家的喜爱，在公司建立起良好的人际关系。

　　笑除了可以改善人际关系，还对身体有益，笑可以使肌肉放松，让紧张消失。所以有一个医生说："笑是没有副作用的镇静剂。"

　　曾经有心理学家做过这样一个调查：在这个世界上谁最快乐？在上万个人的答案中，有四个答案十分精彩，它们分别是：吹着口哨欣赏自己刚刚完成的作品的艺术家；看到初生婴儿的母亲；和小伙伴玩玻璃球赢了一大堆玻璃球的孩子；劳累了几个小时终于救治了一位病人的外科大夫。

　　快乐其实很平凡，我们的身边就有着无数的快乐：饿的时候恰好抬头就遇见自己喜欢的餐厅；口渴的时候恰好身边有纯净水可以喝；天气特别热的时候找到了一块树荫……快乐无处不在，只有我们心中有快乐，我们就该发自内心地给生活一个微笑。

　　从现在起让微笑变成我们的一种习惯吧，善待我们的生活，珍惜眼前的所有，你会发现，生活从未这么美好！

告别忧愁是实现快乐的第一步

生活中常常听到很多人说："郁闷！烦……"好像他们每天都被忧愁包围着，总是把很多事情想得很糟。这些人常常因为一点点小事儿，就变得惴惴不安，影响着自己一天乃至更长时间的生活，他们眼里的世界总是灰色的。

是的，人生中处处充满着曲折，不可能总是遇到好事，很多时候我们没有办法让事情顺着我们的意愿去发展，可我们至少能够改变自己面对生活的态度，尽量看到生活中好的一面，只有你愿意用积极的心态看待，你就可以改变烦躁的心情，当烦躁的情绪消失了，你会发现，你的生活其实没有那么糟糕。

人生或喜或悲，很多时候并不是由生活本身来决定，而是由我们的心态决定。你若开心，你的生活自然也会向着好的方向发展；反之，你若悲伤，生活也会变得日渐灰暗。其实，大多时候的喜悦和悲伤都只是一个过程，简言之，没有谁的人生一直处在开心或悲伤的阶段，无论什么事情，最后都会成为记忆。所以，最重要的是保持乐观开朗的心态去面对生活，当你抱怨人生不快乐的时候，你有没有想过，抱怨会让你更不快乐。其实，你的快乐不由生活本身决定，而由你自己决定，有了乐观的心态，你就会发现生活充满快乐。

不可否认，我们没有办法像对待电脑中的文件那样，直接删除悲观而保存乐观，但是我们却可以尽量平衡这两者之间的关系，这样，悲观便不会太"苦"，而乐观可以发挥积极的作用，这样一来，我们的生活便会朝着美好的一面发展。

有一个老掉牙的故事，虽然故事很老套，但其中的深意却值得人们不断思考：一个老人，有两个儿子，大儿子卖雨伞，小儿子卖布。阳光明媚的时候，老人不高兴，别人问她原因，她说大儿子的伞卖不出去，没生意，高兴不起来；下雨天，大家本以为老人会高兴，可她还是耷拉着脸，别人问她原因，她说，小儿子在街上摆的布摊，一下雨都得收起来，卖不出去，也高兴不起来。于是，有个人问老人："为什么你总是想到不好的那一面，而想不到好的一面呢？下雨天小儿子的布虽卖不出去，可大儿子的伞刚好能卖；反之，大晴天，大儿子的伞卖不出去，但小儿子的布刚好卖出去啊！如果总是想到好的一面，你不就开心了吗？"

生活中的我们也常常犯老人所犯的错误，事情总有两面性，但我们常常只看到了其中不好的一面，总是杞人忧天，为自己徒增烦恼。如果我们仔细地想想，就会发现大部分让我们烦恼不已的事情都是注定无法改变的事情，既然如此，我们纵使投入再多的心思也是于事无补，到头来只是给自己找不痛快，这又是何苦呢？

生活中很多人都是如此，因为工作中出现了一个小失误发愁，因为拿不到年终奖金而发愁，因为孩子的学习成绩不够理想而发愁……他们让自己变得很累，也让身边的人跟着一起受累。这些人总是不明白，发愁解决不了任何问题，相反，只能让问题变得越来越复杂难以解决。既然如此，为何要发愁呢？遇到了什么问题就该去寻找解决问题的办法，尽自己最大的努力就好，只要努力了，即便最终没有成功，也是无怨无悔的，而发愁却什么也解决不了，只有徒增烦恼。

一人的快乐与否，其实不在于他遭遇了什么，因为这些事情不会随着我们的主观想法而改变。换言之，没人能够预料自己将遭遇什么，也没有人能逃避自己要面对的困难。但即使如此，人还是可以活得快乐，因为快乐不需要任何外界的条件做基础，它只是一种内心的感觉，只在乎我们如何看待我们的生活，快乐和幸福一样，仅仅是一种态度。

有一个年轻人叫李帆，他的家庭条件很好，从小也没受过什么苦，长大后也找了一份不错的工作，有一个很可爱的女朋友……但是前段时间，李帆觉得自己精神快要崩溃了。原因是他总觉得生活中有太多让他发愁的事。"我特别烦，真的，感觉每天都有数不尽的让我难受的事情。前几天我去见女友的家人，我不知道自己是否给他们留下了好的印象；昨天我出席公司的酒会，但我总觉得我穿的衣服让我看起来不那么成熟，会在公司高层面前留下不好的印象；还有就是女友已经开始和我商讨结婚的事宜了，但我不知道自己能不能做一个好丈夫，以后能不能做一个好父亲……"

种种的忧虑让李帆的精神状况越来越差，最后甚至到了不堪重负的程度，他已经没有办法正常生活和工作了。他时常对着家人和同事发火，因为他自己也没有办法控制烦躁的情绪，说不上来什么时候就会控制不住，暴怒发火。就这样，李帆被迫辞掉了工作，也和女友分手了，他一个人去了外地，想着或许逃离开所有的事情就能让自己平静一些。然而，情况却并没有有多少好转，他依旧有太多的事情要烦恼：他不知道明天要怎么生活；不知道女友心里怎么想；不知道离开了那家很好的公司之后，自己还能不能再找到那样好的工作……

就在李帆再一次陷入自己的烦恼情绪之中无法自拔时，他收到了父亲发来的短信，短信内容是这样的："儿子，不知道你在那边怎么样了？我们都很关心你，你现在离开了家，感觉有什么不一样吗？你是否依然觉得很忧虑，很烦躁？我想你的回答应该是肯定的，其实让你的烦恼的并不是你的生活，而是你自己，是你的心态，你把一切看得太悲观了，总是习惯性地把事情往坏的一面去想，其实，你所想的事情大多都不会发生，而你却要把自己的生命浪费在那些杞人忧天上吗？儿子，振作起来吧，要知道一个人心里怎么想，他的生活就会变成什么样，凡事都往好处想，一切就会好起来的，爸爸在家等你！"

看着短信，李帆不禁哭了起来，他似乎也开始反思，意识到让自己痛苦的其实并非是外界的事情，而是自己的心态，是他把太多事情想得太过悲观。于是，李帆开始有意识地改变自己的心态，凡事多往好处去想想……渐渐地，他能以平和的心态面对自己的生活，控制自己的情绪了。他回到原来城市，得知女友依旧等着他，原来他的爸爸已经和女友及其家人解释了事情的原委。李帆终于和女友走进了婚姻殿堂，同时也找到了一份好工作，自此之后，李帆学会了凡事多往好处想，他的生活变得越来越快乐。

其实，我们在生活中也总是会有各种各样的担忧，但这些担忧往往是不必要的。既然如此，与其无谓的担忧，为了没有发生的事情而烦恼，不如学着顺其自然地生活。俗话说得好，天无绝人之路，任何问题都会有解决的办法，但担忧只能加重问题的严重性，所以，要保持信心，不要杞人忧天，要学会乐观面对生活，将担忧和烦恼抛在脑后。

常言道，是福不是祸，是祸躲不过，所以我们只需要用一颗乐观的心去面对便可，与其每天都在担忧，不如让自己获得轻松一点，这样我们才能满怀希望去面对未知的明天。所以，从现在起停止忧虑吧，抬起头看看，你会发现天空变得更蓝，风景变得更美，因为你拥有了好心情，你的人生也会立即美好起来的！

微笑是一剂良药

如果挫折是刺人的荆棘，那微笑就是高洁的百合；

如果失败是陡峭的山崖，那微笑就是平坦的阳光大道；

如果忧郁是光秃的槐树，那微笑就是昂首屹立的冬青。

是的，微笑永远是美好的，微笑能抚平你精神的创伤，微笑能使你精神焕发，充满自信，微笑能使你永葆天真……

冰心是蜚声海内外的文学大家，她把一生都献给了祖国和人民，她经历过苦难生活的考验，写下了几百万字的作品，一生都在繁忙中度过。她生于1900年，一直活到99岁，成为世纪老人。她在谈到自己的健康长寿之道时说："对我来说，保持健康的方法不是吃高营养的食品和补药，而是一句话：在微笑中写作。我写了一辈子，虽然我年纪大了，但从未停笔，我的心情总是乐观的。"

笑容，是一个人内心的写照，当一个人微笑时，表示他的友善与开朗。而心理医生也常会开给病人一剂很不错的药方，不妨试试看——肚量大，脾气小，常微笑，病就好。

有人说蒙娜丽莎若无微笑，也只是平凡之作，不会流传千古。微笑具有温暖人心的力量，在人与人的沟通中，"笑容"是一个很重要的润滑剂。

一个经常面带笑容的人，一定是喜欢自己、喜欢别人、喜欢人生的人，这样的人即使面对着沉重压力，亦可保持心情愉悦，使别人也可以感染到一股快乐、喜悦的气氛，因此赢得别人的喜爱。

曾有个女营业员问经理："我该用什么方法才能提高业绩？"

经理回答道："在顾客购买商品之前，你要先赠送给顾客一件礼物，那就是'笑容'。"

的确，笑容是打破陌生的第一步。在加入一个新环境，或面对一群陌生人时，微笑常是俘获人心的最佳利器。若我们对遇到的人都微微一笑，别人也会对我们点头微笑。有了善意的互动，久而久之，大家就会互有好感，交往起来就容易得多了。

微笑其实很简单，只是在生活中随时记得扬起你的嘴角。但是一个微笑所拥有的力量，却可能超出你的想象。

当你的朋友因为遭遇不幸而感到悲伤失落时，你可以扬起嘴角，送他一个鼓励的微笑，此时的一个微笑或许比安慰的话语更来得有用，更能打动人心。微笑传递出你内心深处的同情和关怀，你的朋友定会感应到，这样便能安抚他的情绪。微笑便是缓解悲伤的最佳方式。

当朋友获得胜利的喜悦的时候，你可以扬起嘴角，送他一个微笑。礼物固然是表达情感的有效途径，而坦然、发自内心的微笑却比礼物有着更为深刻的意义，不是吗？这时候，微笑是交流情感的标志，代表着你为对方的成就而感到由衷的喜悦。

当朋友间闹情绪的时候，你可以扬起嘴角，送他一个微笑，因为微笑是对朋友最真诚的道歉。如果轻轻扬起嘴角，就能换回昔日的友情，这难道不值得吗？所以说，微笑是平息冲突的良方。

一个人如果能在交往中向他人传递快乐，营造一种和谐融洽的气氛，那他将是一个受欢迎的人，别人会自然而然地亲近他。

那么怎样才能传递快乐呢？其中最重要的一点，就是用富有魅力的微笑感染别人。人人都希望别人喜爱自己、重视自己，而微笑能缩短人与人之间的距离，消融人与人之间的矛盾，化解敌对情绪。生活中没有人会拒收微笑这一"礼物"。

在"5.12"汶川大地震中，涌现出许多始终面带微笑、自强不息的勇敢者，其中令人印象最深刻的，就是在 2008 年北京奥运会开幕式上，那个和姚明走在一起的笑嘻嘻的小男孩——林浩。当他从地震后的废墟中被人们救出时，他并没有颓丧，而是奋不顾身地加入了救援队伍，和大人们一起，勇敢地救出了 2 名小伙伴。在中央电视台举办的"庆'六一'联欢活动"上，林浩和他救人时一样，面带微笑，神情中流露着坚毅和果敢。他那天真烂漫的微笑，着实让全国人民为之动容。

生活中也许有许多坎坷，可正是这些坎坷，让我们的人生变得充实。人在一生中要始终保持微笑，微笑着面对生活，微笑着面对人生的坎坷。

微笑可以消除苦痛

台湾的一位女作家曾经在她的书上写过这样一句话："一个人如能不管境遇如何，都保持快乐的心境，那真比有百万家产还更可贵。"看到这句话，很多人都会点头赞同，可是一旦回归到现实生活中，估计能真正做到的人并不多，因为太多人遭遇不幸时没有办法一下子就释怀，总要自我折磨一阵子，才能把生命中的伤痛慢慢淡忘。

二战结束后，当所有人都在庆祝盟军胜利的时候，有一个中年妇人却独自蜷缩在沙发上哭泣，因为她收到了儿子在战场上牺牲的消息。

她只有一个儿子，这是她唯一的精神寄托，然而现在她却不得不接受儿子已经死去的事实，她大声哭着，精神濒临崩溃了。她心灰意冷，痛不欲生，决定辞掉工作，离开住的地方，去一个陌生的环境，默默地了此一生。

当她整理行囊的时候，她看见了一封几年前的信，那是她儿子在去前线后写来的。信上说："请妈妈放心，我永远不会忘记你对我的教导，不论在哪里，也不论遇到什么样的灾难，我都会勇敢地去面对生活，像一个男子汉那样，用微笑去承受一切不幸和痛苦。我永远把你当成我的榜样，永远记着你的微笑。"

她的眼泪流了下来，把这封信读了又读，似乎感觉儿子就站在自己的身边，用那双炽热的眼睛望着她，关切地说："亲爱的妈妈，你教我要做个坚强的人，用微笑去面对不幸与痛苦，现在你也要那么做啊！"

这封信让这个中年妇人重新振奋起来，她对自己说，要笑着活下去，为了儿子，要用微笑去埋葬痛苦，坚强地走下去。这个妇人就是后来著名的作家伊丽莎白·康黎，她最著名的代表作便是《用微笑把痛苦埋葬》一书。她在书中曾这样写道："人，不能陷在痛苦的泥潭里不能自拔。遇到可能改变的现实，我们要向最好处努力；遇到不可能改变的现实，不管让人多么痛苦不堪，我们都要勇敢地面对，用微笑把痛苦埋葬。有时候，生比死需要更大的勇气与魄力。"

是的，生活不是一帆风顺的，我们总要去迎接生活给我们的挑战，很多时候，这些挑战是巨大的，甚至是让我们痛苦的，这时就需要我们拿出更多的勇气。人生像是一扇门，我们推开这扇门之后便只能勇敢地往前走，因为没有返回的路，只有前方未知的路。一路上，我们会遇到很多困难和问题，有时是被世俗的繁杂喧嚣所纠缠，有时是为虚名微利所困惑，当我们疲惫不堪或力不从心时，当我们深陷逆境而难于自拔时，能做的就是试着去释怀，去遗忘，任何事情都没有什么了不起，都会被时间冲淡，但这一切的前提是，我们能否用微笑去埋葬痛苦，能否鼓起勇气继续走在生命之路上！

换个心态，你会收获新的生活

面对同样的生活，乐观的人和悲观的人所得到的结果是截然不同的。乐观的人凡事都能往好处想，总会抱有希望，因而更能享受到生命之中的快乐；悲观的人凡事总爱往坏处想，遇到一点挫折就悲观绝望，因而常常在无形中浪费了自己的生命，埋没了自己人生中的快乐。

桌上有一个小面包圈，乐观的人见了喜悦地说："真好，还有一块面包能吃，一定很好吃。"悲观的人见了，会沮丧地说："只有那么一小块，即使好吃也吃不饱。"同样是一块面包圈，乐观的人看到了面包的美味，而悲观的人却只能看到面包很小。

一个人是否幸福，往往与他们拥有多少财富无关，而与他们的心态息息相关。总是带着悲观的眼睛看生活的人，即使生长在优越的环境之中，过得如皇帝一般，仍然会抱怨自己不幸；而乐观的人，即便终日粗茶淡饭，但依旧能笑口常开，由此可见，一个人幸福与否，是由自己的心态决定的。

有一个人非常富有，锦衣玉食，香车豪宅，但是他不快乐，每天总在抱怨"怎么有这么笨的下属？""怎么他老是跟我作对""怎么我的儿子总是让我不省心"……这个富人觉得自己每一天都过得很不开心，永远有处理不完的事情，永远有数不清的烦恼……

一天他路过一家饭店，在饭店门口看到一个乞丐，那么冷的天，乞丐穿得那么单薄，蜷缩在墙角，但他的脸上却洋溢着微笑。富人觉得很诧异，让司机停下了车，他边看那个乞丐，边问司机："你觉得做乞丐会幸福吗？"

"绝对不会，先生，这个世界没有人做了乞丐后还会开心的。"司机回答道。

"那他为什么看上去那么开心！"富人用手指了指墙角的乞丐，司机看了过去，半天没说话。

或许是好奇心的缘故，富人回到家后，让人找到了那个乞丐，并且带他洗了澡换了干净的衣服，让厨师为他做了一顿大餐。乞丐问富人，为什么要为自己做这些，富人说："我只是想知道，为什么做了乞丐，你还能那么开心？"

乞丐边吃东西边回答："我是乞丐没错，因为身体的残疾和年龄的关系，我找不到工作，但我需要生存下去，要依靠行乞维持生计，可为什么我不能开心呢？"

富人看着乞丐，听着乞丐的话，继续问："你觉得你人生中最幸福的时刻是什么？"

乞丐想也没想便回答："就是现在，有人给我干净的衣服，请我吃如此丰盛的大餐，而且只需要我告诉他什么时候最幸福，这对我来说就是最幸福的事了。难道您没有幸福的时刻？"

"是的，我想我没有，因为……"富人说着犹豫了，他其实根本不知道自己不幸福的原因。乞丐听着富人的回答，放下手里的碗说："天哪，您竟然说自己不幸福，您拥有一切，有幸福的家庭，成功的事业，住在温暖的房子里，有人服侍你，出门都坐豪华的汽车，您也一定有可爱的孩子……您竟然说您不幸福，我看是您没感受到幸福吧！"

乞丐走后，富人一直回忆乞丐说的话：是啊，自己为什么觉得自己不幸福呢？在他心里幸福应该是在高处，却不料，其实人生之中的幸福就在最平淡的事情上，有个可爱的儿子便是幸福，而不在于他是否是个神童……

富人终于明白了，自己长久以来的不幸，其实是自己的心态造成的，因为生活中并不缺少幸福，只是少于去发现罢了。

的确，拥有乐观心态的人总能比悲观的人多感受到一些来自生活中幸福，这当然不是因为上天多分配给了他们一些，而是他们乐观的心态使然。

其实，人生在世短短数十载，很多问题，很多事情，容不得我们仔细思量便从我们的身边溜走。每个人只是大千世界中的过客，任何人的生命都不可能永恒，没有人的生活能够一直保持在一个状态中。生活每天都在变化，都在继续，不管你是悲观还是乐观，日子都在一天一天地过，既然每个人最终都要面对一个结局——死亡，那么为什么不去珍惜生命中的点滴幸福呢？

有人说，这个世界上美好的东西都在乐观人的手中，因为他们的一生总是在寻找与感受美好；而悲观者总是在失去，失去美好、失去快乐……

笑着过是一天，耷拉着脸过也是一天，过什么样的生活其实完全取决你的心态。如果你乐观，那么你周围的一切都是美好的，充满朝气的；反之，如果你悲观，那么你的身边便总有过不去的坎坷和苦痛，而那些坎坷与苦痛不是生活强加给你的，而是你强加给自己的。

有个公司派两个推销员去一个很富有的村子推销电视机，其中一个推销员回来之后很沮丧地向公司报告："那边的人虽然有钱，但是没有一家有电视机，因为他们不看电视！"

第二个推销员回来之后却兴奋地向公司报告："那边的人都有买电视机的能力，而且那边现在没有人家中有电视机，是个大市场。"

同样一件事，只是转换了角度，从不同的角度去看待问题，便有了完全不同的结论。对于乐观者来说，即使面对一件不好的事，他们往往也能从中找出某些积极的部分；但悲观者呢？就算是好事，他们也会从中找出某些消极的部分来。

现实生活中，太多人面对一些问题想不开，总是觉得日子难过，前途渺茫，其实，这并不是生活本身的问题，而是自身心态的问题。生活是一面镜子，你对它哭，它也对你哭；你对它笑，它自然也会变得充满快乐与幸福。

快乐其实很简单

快乐是我们共同追求的目标，人的一生中快乐是最可贵的。所以，人们经常对他人说一句祝福语：祝你永远快乐！

其实，获取快乐既难又易，这因人而异，因事而异，它取决于一个人的心态和对生活的理解。

快乐有时很简单，也许是会心一笑，也许是一句轻声的问候，也许是你为别人做了一件好事。快乐是可以累积的，如果我们能发现身边点点滴滴的快乐，就能长久地享受幸福的生活。

所以说，快乐是一种心情，白居易的《想归田园》道："快乐不知如我者，人间能有几多人。"人的心情也和天气一样，时阴，时晴，时苦，时乐，时常变化。快乐不能仰仗别人，只能依赖自己，而健康的心态能催发愉悦的花朵。

趋乐避苦是人的一种本性，快乐是等不来的，而要靠人自身创造，正所谓"知足常乐""福由心造"。因此培根说：人是自身快乐的设计师。

我们每人都是一盏灯，都有一份小小的力量，可以唤醒人间的欢乐和美好，化解愁苦和怨恨。

有一则寓言说，有一个老人，在临死前对儿子说："孩子，我快死了，我希望你过上快乐的好日子。"

儿子说："父亲，请你告诉我，怎样才能使生活快乐？"

父亲答道："你到外面去吧，人们会告诉你找到快乐的办法。"

父亲死后，儿子就出发到外面的世界去寻找幸福。他走到河边，看见一匹马在岸上走，这匹马又瘦又老。马问："年轻人，你到哪里去啊？"

"我去找快乐。你能告诉我怎么找吗？"

"小伙子，你听我说，"马回答道，"我年轻时，只知道饮水、吃草籽，我只要把头放到食槽里，就会有人把吃的东西塞进我嘴里。除了吃以外，别的事我什么也不管。所以，当时我认为在这个世界上我是最快乐的。可是现在我老了，别人把我丢弃了。所以我告诉你，年轻时要珍惜自己的青春，千万不要像我过去那样享受别人准备好的东西，一切都要自己去争取，不要怕麻烦，这样，你就会永远感到快乐。"

年轻人继续走下去。他走了很多路，在路上碰到了一条蛇。

蛇问："小伙子，你到哪里去？"

"我去寻找快乐。你说，我应该到哪里去找呢？"

"你听我说吧，我一辈子以自己有毒液而感到自豪。我以为自己比谁都强，因为大家都怕我。后来，我知道我这种想法是不对的。其实大家都恨我，都想杀死我。所以，我也怕大家，要避开大家。你的嘴里也有毒液——你的恶语，所以，你要当心，不要用语言去伤害别人，这样你就一辈子没有恐惧，不必躲躲闪闪，这就是你的快乐。"

年轻人又继续朝前走。走着走着，他看见了一棵树，树上有一只加里鸟，它的浅蓝色羽毛非常鲜艳光亮。

"小伙子，你到哪里去？"加里鸟问。

"我去寻找快乐。你知道什么地方能找到快乐吗？"

加里鸟回答说："小伙子，看来你在路上走了很多日子了，你的脸上满是灰尘，衣服也破了，你已变样了，过路人要避开你了。看来，快乐与你是没有缘分了。你记住我的话：要让你身上的一切都显得美，这样你周围的一切也会变得美了，那时你的快乐就来了。"

年轻人回家去了，他现在明白：不必到别的地方去寻找快乐，快乐就在自己身边。

是啊，一个人若能从平凡的生活中发现快乐，就能给自己和他人带来幸福。快乐是一种美德，因为它不但表现为对世界的欣赏和赞美，也给周围的人带来温暖和愉悦。

一笑而过的大智慧

俄国著名作家契诃夫在小说《小公务员之死》中，写了一个小公务员坐在某个将军的后排看戏，不慎打了一个喷嚏。打喷嚏本来就是人的正常生理反应，穷人打喷嚏，富人也打喷嚏，并没有什么特别的。这个小公务员起先没觉得有什么不妥，但当他看到坐在他前面第一排座椅上的那个小老头是布里扎洛夫将军，他有些慌了。他发现将军正用手套使劲擦他的秃头和脖子，嘴里还嘟哝着什么。

小公务员认为自己的喷嚏可能溅着将军了，然后就开始不停地道歉，将军在看戏时被他搅得烦躁不已。幕间休息时，他还在锲而不舍地道歉，将军回答他："哎，够了！我已经忘了这件事，您怎么老提它呢！"

小公务员却仍然提心吊胆，散场后又登门道歉，搞得将军莫名其妙，终于在大怒之下将他赶出了大门。小公务员误认为将军还不肯宽恕自己，最终在惊吓与懊丧中郁郁身亡。

一个喷嚏搞得自己终日惶恐，最终丢了性命，这或许是文学的虚构，有些夸张色彩。不过，在现实生活中，为了一点小事而惴惴不安的人还真不少见。

有的人无意间说错了一句话，害怕引起别人的误解，于是不停地向别人解释；

有的人为某件事付出了大量的心血，却没有得到应有的认可，于是不停地强调自己的所作所为，希望人们认可自己的付出。

人的一生中似乎有许多事情需要为自己解释，尽管这些解释看似非常必要，尽管人们在听你解释时会不住点头，尽管你为自己解释花去了大量的精力，但最后换来的又是什么？是人们的同情，还是人们真正的理解？很多时候解释不但不能解决问题，反而会增加烦恼，我们又何必为了一点小事而去苦苦纠缠和解释！时间能做出最好的解释，事实会做出最公正的回答。

一次，有一位学者去访问原美国海军陆战队的史密德里·柏特勒少将，学者曾对少将的处事作风作提出尖锐的批评，并将批评文章刊登在报纸上。但少将却是一副满不在乎的样子。少将说："我了解，买了那份报纸的人大概有一半不会看到那篇文章；看到的人里面，又有一半会把它只当作一件小事情来看；而在真正注意到这篇文章的人里面，又有一半在几个星期之后就会把这件事情全部忘记。一般人根本就不会想到你我，也不会关心别人怎样批评我们，他们大部分时间里只会想到他们自己。他们对自己的小问题的关心程度，远远超过有关你我的大新闻。所以我还有什么必要解释呢？"

这位将军的态度非常值得我们学习。我们虽然不能阻止别人对自己做出任何不公正的批评，但我们却可以做一件更重要的事——决定自己是否受到那些不公正批评的干扰。当然，不为无谓的争执付出更多时间的解释，并不是说拒绝接受一切批评，我们只是不要去理会那些不公正的批评罢了。

美国一家公司的总裁在被人问及是否对别人的批评很敏感时回答说：

"是的，我早年对这种事情非常敏感。我当时急于使公司里的每一个人都认为我非常完美，要是他们不这么想，我就会很忧虑。只要哪一个人对我有些怨言，我就会想方设法去取悦他。可是我所做的讨好他们的事情，总会使另外一些人生气。然后等我想要弥补这些人的时候，又会惹恼了其他一些人。最后我发现，我越想去讨好别人以避免别人对我的批评，就越会使批评我的人增加。所以，最后我对自己说：只要你在工作就一定会受到别人的批评，所以还是趁早不去考虑这些为好。这一想法对我大有帮助。从那以后，我就决定尽我最大能力去做我该做的事情，而不去关注如何改变别人的看法。"

一个教授对他学生发表演讲时表示，他所学到的最重要的一课，是一个曾在钢铁厂里做事的德国老人教给他的。"那个德国老人跟其他的一些工人发生了争执，结果被那些工人丢到河里。当他走进我的办公室时，老人浑身都是泥和水。我问他对那些把他丢进河里的人说了什么，他却回答说：'我只是笑一笑。'"

教授先生说，后来他就把这个德国老人的话当作他的座右铭：只是笑一笑。

一笑而过，其实是一种大智慧。用这种智慧指导自己的人，比一味辩解的人更能得到他人的谅解、理解与敬重。

凡事需看开

你觉得生活中什么最重要？对于这个问题，相信大部分懂得生活的人都会回答：快乐最重要。的确，快乐意味着充实、满足，快乐也意味着内心的畅快与愉悦。每个人都希望自己能成为一个快乐的人，并且长久地保持充实、满足、愉悦的状态。

但在现实生活中，在遇到一些困难和危机的时候，大多数人都会皱起眉头，唉声叹气，很难再快乐起来。很多人总是在幻想完美的人生——大富大贵，有美满的家庭和顺利的工作……但现实始终有别于梦想，有些时候，你付出了很多努力也换不来一次成功，每当这个时候，很多人便开始急躁起来，开始抱怨，开始发牢骚，觉得上天对自己太不公平了。

其实这个世界本就是那么现实，哪有人能顺顺利利呢？谁的成功不是经过痛苦和挫折的洗礼才换来的呢？我们必须让自己知道，生活里不会只有掌声和鲜花相伴，也会有坎坷和逆境，甚至有些时候，我们倾注所有也未能换来梦想的实现，但经历过的这个过程却是一笔宝贵的财富。

有人曾说过，人生本来就是一次洗礼、历练的过程，从我们出生起直到我们离开这个世界，总是要面对困难和挑战，看不开的人一生都会活在痛苦之中，看得开的人便学会了苦中找乐。

任何人的一生都是苦乐参半的，只有那些能够正视苦痛的人，才能得到真正的快乐，只有那些能够看破的人，才不会被困难击败，就此沉沦。

我们想要获得快乐，就必须要从那些不如意、不顺心中走出来，凡事不要太过苛求，不要期待所有的事都按照自己的意愿进行，万事都要看开一点，只有懂得看开的人，幸福和快乐才会围绕在他的身边。

一个村长正在办公室开会的时候，家里人突然来找他，说自家在划田地的时候和邻居家吵了起来，邻居家把自己的田地往外多划了两米，已经占了他们家的田地，家人便让村长去说，让邻居家把占了地还回来。但村长没有按照家人的意思去办，而是告诉家人不要为了两米地和人家争吵，就算让他两米能怎么样？

这话传到了邻居的耳朵里，邻居自认为自己做得有些不对，便主动重新划了田地，还多让出 50 公分来用于分割两家的田地，也方便大家为各自的田地浇水施肥。

可见，人际关系中的很多矛盾之所以不能得到化解，多半是因为我们把自己的利益看得太重。如果我们能够看开一点，各让一步，就能实现共赢的局面，这样双方反而会得到更多。

生活中的很多矛盾冲突就像故事中划田地一般，并不是自己真的失去了多少，只是感觉自己的利益被侵犯了，觉得自己吃了亏，所以心里无法释怀，甚至产生仇恨。很多问题，我们若能退一步、看开点，便会迎刃而解了。

生活中类似这样的事情不胜枚举，有些时候，我们借给了别人一两百块钱，数目不大，但却常常耿耿于怀对方没有归还，又不好意思开口索要，于是，每天都在想着这件事儿，时间长了，便成了自己的心病，老觉得别人欠自己的。其实，别人没有还要么就是忘了，要么就是暂时不方便，何必为了这点事而想不开呢，仔细想想，自己其实并不在乎那一两百元钱，对方能还就还，还不上就算了，这样想问题，你便会开朗许多。

其实无论大事小事，道理都是一样的。我们如果能够调整自己的心态，就能做到凡事都想得开，放得下，关键在于我们如何解开自己的心结，将自己的注意力从那些不开心的事情上移走，多去关注事情好的一面。如果我们能够做到这些，生活中就会时时刻刻充满幸福快乐。

所以说，生活中，如果我们能够凡事看开一点，不要总把目光锁定在那些不愉快的事情上，那么，很多负面情绪便会消解，很多难题也都能迎刃而解。

有句话说得好，"踏破铁鞋无觅处，得来全不费工夫"，当我们越在乎、越想得到某些东西的时候，往往不得章法，但当我们看开一些之后，反而有可能得偿所愿。因此，面对问题我们不能着急上火、焦急烦躁，这些都不是解决问题的办法，只能起到火上浇油的负面作用。相反，如果凡事顺其自然，看淡一些，看开一些，再复杂的事情也会变得简单。

众里寻"乐"千百度……

快乐，谁都想要得到，但太多人都觉得自己不快乐，于是人们便问："快乐究竟是什么？"

其实快乐是这个世界上最简单的东西，它只在于你的感觉。快乐不需要付出什么物质才能交换得到，而是我们内心所有的，想要得到它，你只需要对自己说："我很快乐"，换言之，快乐其实就在我们每个人的心里，无处不在。

乐山虽然名字里有一个乐字，但是他生活中的大部分时间并不开心。小的时候乐山有一个不错的家庭，但是好景不长，到他上初中的时候，他的爸爸另有新欢，很少回家，后来干脆丢下他和他妈妈不管了，从那以后，乐山的生活发生了巨大的变化。没有生活来源的他和他妈妈过得很悲惨，后来乐山上大学，他几次去找自己的父亲要学费和生活费，因为自己上学期间没有什么经济收入，但他却得到父亲一句："要靠自己！"

乐山无奈，只好在大学期间打很多分工，别人都在享受大学时光，而他每天奔波于各个快餐店间。毕业后，乐山找到了一份工作，也找到了一个女友。乐山知道妈妈养自己很不容易，所以每个月他都把大部分工资寄回家里，自己生活过得很拮据，女友为此时常和乐山争吵，最终与乐山分了手。乐山觉得自己的生活似乎总是围绕着悲惨二字，一年前，他的妈妈被查出患了癌症，并在不久前离开了乐山，乐山觉得自己人生就是一场悲剧，他失去了最后的精神依靠，在送母亲离开这个世界后，乐山一个人喝得伶仃大醉，歪歪倒倒地走到小区顶楼，站在楼顶，他痛不欲生，动了轻生的念头。

这一幕正好被一个清扫楼道的老大爷看见了，他赶忙把乐山从顶楼的边缘处拉回来，乐山挣脱开大爷的手大声说道："你不要管我！"

"孩子，别想不开啊！"

"我比谁都想得明白，我是这个世界上最倒霉的人，现在我一个亲人也没有了，我至亲的妈妈和女友都离我而去了，我活着有什么意思？"

"那你更要好好地活着，我相信你妈妈一定希望你好好地活着。"老大爷怕乐山做傻事，又赶忙抓住他的胳膊。

"我有好好活的机会吗？我是这个世界上最倒霉的人，小的时候被爸爸抛弃，上大学了比任何人付出的都多，却没能找到一份好工作，女友也嫌弃我，离开了我，现在我妈妈也重病不治走了，你说我活着还有意义吗？"

"当然有，你的爸爸虽然抛弃你了，但你至少知道谁是你的爸爸，在这个世界上，很多人连自己的爸爸都没有见过；工作不顺，也只是暂时的，你看看我，虽然是个清洁工，可是我很开心啊！你那么年轻，有的是机会！再说，你现在这样做，对得起你妈妈吗？孩子，这个世界上的确有很多让我们难过的事情，可是日子还是得过，为了爱我们的人，和我们爱的人，我们要开心地活着，多去看到生活中快乐的一面。我今年64岁了，前不久刚刚查出来患了癌症，但我没有把这个消息告诉我的家人，因为我想和他们快乐地过完剩下的日子。前段时间我找到了这份扫地的工作，把挣来的钱全都花了，每周我都带着我的老伴去吃好的，去逛那些我们没去过的地方，过完今年，要是我还没死，我打算取出我的全部积蓄带着我老伴去国外逛逛。哈哈，人啊，要学会去寻找快乐，享受快乐，这样一生才不白过啊！"老大爷笑着说。

乐山被老大爷的话震撼了，他恍然明白，生活是自己的，无论遇到多少困难，我们都可以选择乐观向上地活下去，快乐和绝望只在一念之差。

的确，生活中很多人都不明白这个道理，以为自己与快乐无缘，常常误认为快乐就是有钱、有美貌、有地位……其实，快乐属于任何人，是我们生来就有的能力，也是生活赋予我们的权利，关键看我们是否会使用它。

然而现实生活中的我们总是要面对很多压力，时常让我们感到不堪重负，这个时候，我们要学会自我调节，试着放下心理的包袱，回归到平静的心情中，给自己多一些缓冲的时间，这样一来，我们便有了感受快乐的机会。就如张晓风所说的那样："除非你自己弯下腰，否则没有人能够踩在你的背上。"快乐也是如此，除非你自己放弃快乐的权利，不然任何人、任何事都不可能夺走你快乐的权利。

无论生活中发生了什么，只要我们心存快乐，就能够获得快乐。无论事情如何改变，环境如何改变，只要我们始终保持内心的快乐，我们就能够拥有快乐，做一个快乐的人。

每个人都应该始终记得，快乐不需要任何人的馈赠，也和物质条件及外界环境无关，快乐是我们的一种感觉，并且就在我们的心中。因此，我们每个人都要好好地利用、好好地珍惜快乐的权利！

第四章

走自己的路，才能与幸福相遇

走自己的路，让别人说去吧

心理学中有一个效应叫做"他人意志"效应，意思是当一个人在心里已经决定一件事或是对一件事情已经有了一个较为清楚的认识后，当他身边的朋友大多数都和他意见相左时，他便会改变自己的想法，甚至是行为，即使他原来的看法才是正确的。由此我们不难看出，对他人的看法不能盲从，坚持自我也是很重要的事情。

坚持自己的主见，对于我们来说格外重要，为什么呢？还是因为人往往是感性的，有时候自己已经做好的决定，就因为别人的几句话就会轻易改变。对大多数人来说，做决定难，坚持自己的决定更难。一个人听不进去他人的意见是自负的表现，但是盲目听从他人的意见就是糊涂，同样是不可取的。虽然有些时候你的决定会被大多数人否定，但你自己在做出这个决定的时候，却是根据自己的实际情况而判断出来的。毕竟，最了解自己的人只有你。所以，与其人云亦云，不如坚持自己的决定。

很多人因为害怕失败，不愿意承担失败的责任，所以更容易被他人的意见左右。这些害怕承担责任的人，注定不会有大的作为和成就。

所以说，与其被他人所左右，不如放手去活一回，去走出一条属于自己的路。在生活中，你要扮演太多的角色，很不容易，也很辛苦，在这样的情况下，虽然你渴望有一个人来给你指引方向，但你也要知道，别人的意志始终代表不了你的想法，与其让自己辛苦地活在他人的意愿之中，不如活在自己的想法之中。要想走出自己的路，你所需要面对的事情有很多，最重要的一点就是一定不能人云亦云，要理性对待周围人的意见。

这一点对于在职场中打拼的人而言尤为重要，因为拥有主见的员工更容易获得上司的赏识，也会在自己的奋斗中收获同事们的肯定与尊重。主见对于职场中的你我而言，就像是汽油之于汽车，有了它你才能更好地驰骋在人生之路上，才能让你的上司清楚地知道你的能力，才能赢得同事们对你的信任和尊重。

孟晖最近大学毕业了，他和很多毕业生一样，忙着找工作，不过幸运的是，没过多久，他就在一份国企找到了一份工作。他谨慎认真地对待工作中的每件事情，几乎每件事都要咨询一下身边的同事。刚开始同事们出于对新员工的关照，还会积极地解答孟晖的疑问，但没过多久，孟晖就发现，同事们都有意无意地回避他的问题，而上司对他的看法也有所转变，安排给他的工作越来越少。

面对这样的情况，孟晖有点不知所措，回家后一副闷闷不乐的样子。他的母亲看出了他的变化，就询问孟晖是不是工作不顺利，于是，孟晖就把这几日所遇到的事情告诉了母亲，母亲说："这都是你缺少自己的主见造成的，你这样事事都依赖同事，一来会让他们看轻你的工作能力，二来也会影响你在公司的形象，所以你应该尝试着自己去完成工作，按照自己的想法去做事情，这样才能在上司面前更好地发挥自己的长处，展示自己的优点。"

孟晖听了母亲的话，心领神会，于是，从第二天上班起，他就开始努力改变自己依赖他人的坏习惯，并积极地独立完成上司分配给自己的工作，在公司例会上也不再人云亦云，而是大胆地将自己的想法说出来。这样一来，孟晖不仅工作能力得到锻炼，还给上司留下了非常好的印象，加上孟晖一向一丝不苟的工作精神，不出一年，他不仅提前转正，还被提升为项目小组的组长。

其实，很多人在初入职场时都会遇到如孟晖一样的问题，他们大都很聪明，是父母眼中懂事的孩子，对自己的要求很高，渴望能够在自己的工作中脱颖而出，但他们惧怕尝试，害怕做错，习惯了事事询问他人的意见，依赖性也很强，总是渴望听从他人的经验之谈，却忽略了自己的决策能力和思考能力，长此以往，他们很容易在工作中成为他人的配角，不能做到独当一面，最终无法实现自己的理想与抱负。

我们要有自己的主见，对他人的意见不能盲从，要有自己的判断。如果你事事都人云亦云，踏着别人的脚印前进，不仅会丧失自己做决定和判断的能力，还会埋没自己的才能，让自己生活得庸庸碌碌。

现实中，如果你想要在事业上有所成就，就一定要有自己的主见，坚持自己的原则，过自己的生活。

做一个敢于走自己的路的人，独立地决定自己的事情，为自己的生活喝彩，这样，你会赢得更多的快乐与成功，收获幸福的人生！

跳出别人的"舆论"

如果你去问一个人，他最害怕的是什么，他会告诉你很多，比如，怕别人觉得他是一个失败的人；怕别人觉得他很差；或者是在他喜欢的人眼里一文不值……

的确，很多人都很在意别人对自己的评价，在很大程度上受到这些评价的影响，这在心理学上被称为"舆论"效应。

一位心理学家就舆论对人们的影响这一课题做了这样一个有趣的实验：

他找来两个志愿者，一位很帅很迷人，在他过去的 20 多年中他一直活在这样赞许的"舆论"之中；另一个人其貌不扬，甚至有些丑陋，在过去的生活里，他一直过着平凡的没人关注的生活。

这两个人被安排到两个新的环境生活，科学家让住在帅气迷人的男人周围的人，每天都告诉那个男人他长得其实一点也不帅气迷人；相反，让住在其貌不扬的男人周围的人们，告诉那个人他其实长得非常迷人。半年后，科学家把这两个人带回实验室，观看他们半年来的实验录像，发现帅气迷人的男人开始渐渐对自己失去自信，并且逐渐开始怀疑自己的样貌甚至能力；而另一个人逐渐开始建立自信，甚至开始在心里认为自己就是一个那么受人欢迎的男人。

看吧，这就是他人"舆论"的作用，它可以改变一个人对自己的认知，甚至可能因此而改变一个人的命运。

阿莱是个还算优秀的男孩，但他有一个缺点，就是太在乎别人怎么说他。在大学毕业晚会上，就因为一个同学酒后说阿莱穿西装的样子很可笑，从那之后，阿莱便尽可能不再穿西装，因为他总觉得自己穿西装会引来别人的嘲笑。

很快，阿莱上班了，但上班后的他更在乎别人怎么看自己，怎么说自己。一天上班前，他的小表弟开玩笑说他有口气，结果一整天阿莱都为此而烦恼，不敢跟别人说话，生怕被同事发现自己有口气。虽然他自己也觉得那可能只是小表弟的玩笑，但他还是控制不住自己的担心。

后来，阿莱和一个女孩相恋了，女孩家里非常有钱，有好几次女孩开着自己的私家车来找阿莱，被公司一个同事撞见了，同事便在阿莱面前打趣，说阿莱找了个富婆，以后再也不用愁了。从那天起，阿莱便告诉女友不要再来公司找他，生怕会被别人看见说闲话，这让他的女友感到很不解，她不明白两个人恋爱和别人有什么关系，但是阿莱执意要求，无奈之下，女友也只好妥协了。

阿莱就这样，每天活得小心翼翼，总是在按照别人的意志过自己的生活，每天都过得战战兢兢。后来，阿莱和女友分手了，他因为受不了他人的"舆论"，错过了自己人生中难得的真爱。

其实，别人怎么说有什么关系呢？你的生活是属于你自己的，你不是为了别人而活，所以何必为了取悦别人或得到对方几句赞许而跟自己过不去呢？

别人说你的衣服不好看，没关系，又不是穿给别人看，自己开心就好；别人说你的工作没前途，没关系，工作是你的，只要你做得顺心，何必在意别人的看法？如果我们总是活在别人的"舆论"里跳不出来，便注定要和我们的幸福生活擦肩而过。

幸福的前提是明白你想要什么

生活中我们把绝大多数时间花在了对幸福的寻找之中，但是当有人问你"你想要什么样的幸福"的时候，你或许会支支吾吾，没有办法马上回答，或者干脆说："像某某某那样就行！"可是，你真的确定那个人的生活就是你想要的吗？

其实你并不确定，你之所以要拿别人的人生作为标尺，是因为你自己的心里对幸福还没有一个确切的认识。

什么事情能让你感到幸福？你的梦想是什么？你最想要得到什么？你每天行色匆匆、忙忙碌碌地奔波于你的人生之路上，你甚至从来没有想过停下急匆匆的脚步，给自己一些思考的时间，然后扪心自问："我究竟想要什么，想要什么样的幸福？"

"我究竟要什么呢？"我们应该选择一个时间和地点，把这个问题大声说出来，这对于寻找幸福来说意义重大。只有你明确自己的目的，了解自己的真正想要的东西，你才能明确自己前进的方向，才能朝着这个明确的方向努力，才有可能成为一个幸福的人。

有一个男孩，他的父亲是一个马术师，他经常要跟他的父亲一起去各个农场训练马匹，所以，没有多少时间能够安稳地静下心来学习。

在他上四年级的时候，老师给每个孩子布置了一个暑假作业，那就是写出你的梦想，写出你长大之后想要做的事情。

这个男孩非常认真地对待他的暑假作业，足足写了八页纸。上学后，男孩高兴地把作业交给老师，以为老师会给自己一个好评，可是在收到作业本的时候他却没看老师的评语。正当男孩纳闷的时候，他被叫到老师的办公室。

在办公室，老师让男孩读出自己的这篇作文，男孩不知道老师究竟要干什么，但他还是按照老师的意思，把作文读了出来，男孩说："我想要在长大之后建一个自己的农场，这个农场比这里的任何一个农场都要大。我会在农场的中央建造一所自己的别墅，我会和我的家人住在里面。别墅的后面是我的私人马厩，那里有很多训练很好的纯种马。农场的前面我会修一条很长很宽的路，还要在农场里建造一个很大的游泳池……"

男孩还没读完，老师便打断了男孩的话，老师对男孩说："你现在知道我为什么没有给你任何评语了吗？"

男孩不解地摇摇头，老师有些生气地说："你难道不知道你在白日做梦吗？你的这些梦想简直就是幻想，你难道不知道建一所大农场需要很多钱吗？你还要在农场前修一条路，建一个游泳池，这不是在幻想吗？你到底有没有认真地对待你的人生呢？回去重写一篇吧！"

男孩觉得很委屈，回家后把这件事告诉了自己的父亲，父亲拍拍儿子的头笑着说："儿子，这有什么，这绝对不是幻想，只要你坚信这就是你要的幸福，并且毫不动摇地朝着你的梦想努力，这一切就能实现！"

"那我还要重写一篇吗？"男孩瞪着大眼睛问父亲，父亲只笑着说："这是你自己的事情，你自己决定吧！"

男孩想了一个晚上，最后决定还是把这篇作文交给老师，即便老师给自己的作文评不及格，他也不会改变！

20多年过去了，这个男孩已经长大成人，而当你知道他住在哪里的时候，你一定会惊讶：他就住在自己的农场里，当地最大的农场中的别墅里，那个农场里有大大的游泳池，有很多纯种训练有素的马，农场的前面还有一条很大很宽的路……

一位智者曾说过："一颗种子可以孕育出一大片森林。"想要收获，必须要放入"种子"，然而在放入"种子"之前，我们必须要清楚自己想要得到什么，从而选对"种子"。换言之，我们只有弄清楚自己真正想要的东西，才能排除干扰，认真地思考自己一生中真正非做不可的那件事，让自己所有的精力和潜能都集中在这件事情上面，进而让自己的梦想成为现实，收获幸福。

弄清楚自己究竟想要什么，这并不是一个简单的过程，需要我们在试错的过程不断地调整自己的目标。在这期间我们可能会经历很多内心的挣扎与抉择，可一旦你确定了自己想要什么，你就能离幸福更近一步了。弄清楚自己真正要什么，这更是一种成熟的标志，从此之后你再也无需将自己的热情和努力浪费在没有结果的事情上了，你会发现你的所有努力都为了一个明确的目标，你会成为幸福生活的开拓者！

做一个活出自我的人

"在当下这个社会上生活，太难了！"这是很多人历经生活不顺之后的感慨，尤其是当我们想要活出自己的时候，总是有太多的阻力，迫使我们不得不去改变，去适应……渐渐地，我们发现，我们迷失了自己，跟在别人后面亦步亦趋。

的确，跟着别人的脚步走，按照别人跳过的曲子跳舞，可能比我们自己一步一步去开拓要相对容易，但是你也会发现，在跟随别人步调的同时，我们的人生不再由自己控制了，相反，我们的生活成了他人生活的复制品。一个只懂得跟着别人的曲子跳舞的人只能成为伴舞者，但一个敢于用自己的曲子跳舞的人，才能成为真正的舞蹈家。

正如罗曼·罗兰说的那样："一个勇敢而率直的灵魂，能用自己的眼睛观察，用自己的心去爱，用自己的理智去判断；不做影子，而做人。"一生中我们不可避免要面对无数的人生抉择：爱与被爱、悲伤与欢喜、痛苦与快乐、得到与失去……这个时候，谁都会犹豫、踌躇、举棋不定甚至左右为难。但是，如果我们能在此时心平气和地思考一下，问问自己心里的声音，不慌不乱，学会按自己的曲子舞蹈，那么，我们就会得到最真实、最适合自己的答案！

陈伟是一个有钱的私营企业老板，他的生活过得很有品味，穿的衣服都是时尚大牌，开的车也都是顶级的豪华轿车，他一心想要得到生活的幸福感与满足感。虽然他总是拿着当下最潮流的东西，开车名车住着别墅，但是一旦当他静下心来的时候，他却感到非常孤独，甚至丝毫感觉不到快乐，于是，他决定停下手头上的工作，出去旅游，因为身边的朋友们告诉他旅游可以让一个人感到很放松。

在去旅游之前，陈伟又询问了朋友们什么旅游模式最好，因为现在流行"原生态旅游"，所以陈伟就把旅游目的地定在一个比较偏远的少数民族村子。想要进入这个村子，陈伟不得不步行三个小时走山路。进入村子后，陈伟第一感觉就是很不可思议，因为这里与他平日生活的地方相差太远了，这里没有任何现代化的设施，就连电视都是黑白的，还不是每家都有，而且最多只有一两个频道。但是在这里待上一两天之后，陈伟发现，生活条件如此艰苦的人们却生活得无比的快乐，每天晚上，他们工作之余都会在村子空旷的地方生起篝火，聚在一起唱唱跳跳，直到尽兴才归。从他们的神态中，陈伟看不到一丝一毫的忧愁，他所能感受到的除了快乐，还是快乐。这让陈伟感到很诧异：这些人为什么会那么快乐，而他们又在为什么事情而快乐呢？

又过了一天，这天晚上陈伟没有待在房间里看这些村民开篝火晚会，而是走出房间也参与了进来。他坐在一个吹乐器的老村民旁边，当老村民停下来喝水的时候，陈伟问他："你们一直都这样吗？每天都这么快乐？"老村民没有立即回答，而是换了首曲子，对着起舞的村民们说："让我们带上这位客人一起舞蹈吧！"说着，几个年轻的姑娘、小伙上来就把陈伟拉起来，带到舞池的中间。起初，陈伟有些尴尬，他笨拙地跟着身边村民的舞步。后来，他越跳越开心，完全放开了舞蹈，跳着自己想出来的舞步，在人群中异常活跃。村里的人看到陈伟那么高兴，也都学起了陈伟的舞蹈，大家一起开心地跳着，几首曲子结束后，陈伟回到老村民的身边说："现在我很快乐，谢谢你！"

老村民笑着说："过自己的生活，跳自己的舞蹈，这就是我们快乐的原因！"

听着老村民朴实的话，一瞬间，陈伟突然有种恍然大悟的感觉，原来，这里的人之所以快乐，并不是因为他们每晚上都开派对，而是因为他们懂得过自己的人生，按自己的拍子跳舞，从不盲目跟随别人的人生，哪怕在外人看来，他们的生活很贫乏，但他们依旧坚持自己的生活，这便是快乐的真谛！

过自己的人生，走自己的路，这其实是一件既简单又复杂的事情，这就要求我们不要总是把注意力放在别人的生活上，而是试着正视我们自己的生活，爱我所爱，无怨无悔。活出自我，就是一切随心，不去计较世俗中的得与失。

或许别人生活在你眼里总是那么的美丽多彩，但是在羡慕的同时，你也要知道，那未必是你的幸福。快乐的真谛不是跟随别人的脚步，而是坚持自己所要的，哪怕这样的坚持会让你面对一时的质疑与困难，但却能够带给你真正的收获与快乐，这样你才能体验到生活中真实的幸福。

诚然，这不是一条简单容易的路，走上这条路，你需要付出更多的勇气和坚韧，但你也需铭记，这个世界中，但凡有所成就的人，都是那些对自己的目标坚持到底的人，也只有做到这些人，才能笑到最后，开创属于自己的新天地。所以，为了幸福和快乐，你应该走出属于自己的路，活出真正的自我。

好习惯让你受益终身

习惯在无形中影响着我们的一举一动，在不知不觉中左右着我们的行为，影响着我们做某件事的结果。好的习惯将帮助我们收获成功和幸福，而一个坏习惯足以把我们全部的努力付诸东流。

有一个刚参加工作的年轻人，他虽然文化程度不高，可是办事情一板一眼，非常认真。他有一个很好的工作习惯——每次外出办事回来都要向老板做详细的情况汇报——详细到谁请他吃饭、说了什么话，而老板交代他办的事情更是汇报得一清二楚。其实他的老板也没有要求得这么细，可他就是习惯这么做。反观其他人，即使老板要求详细汇报，有时候也被简单化了。这个年轻人后来自然得到老板赏识，事业有成，过上了幸福的生活。所以说要养成良好的工作习惯，因为良好的习惯可以带来事半功倍的效果，下面的工作场景同样能说明这个道理。

三个人正在把颜色各异的珠子按照客户的订单要求串成项链。第一个人习惯于把所有珠子放在一个大盒子里，需要什么颜色的珠子就去盒子里找，找到一个立刻穿起来，接着再找下一个；第二个人习惯于把不同颜色的珠子分别放在不同的盒子里，这样在找某种颜色的珠子时就不用从所有珠子里面找了，节省了很多时间；第三个人习惯于把不同颜色的珠子分别放在不同的盒子里，由浅到深地按顺序摆放，并且按照订单的要求先把所需的珠子都配齐并按顺序摆好，然后一次性将项链穿起来。这三人穿项链的效率高低立现，第一个人效率最低，第三个人效率最高，这种差距是由工作习惯的不同导致的。

英国杰出的哲学家培根说："习惯是人生的主宰，人们应当努力求得好习惯。"我国教育家陈鹤琴先生则说："习惯养得好，终生受其益；习惯养不好，终生受其累。"可见良好的习惯对人生有多么重要。许多企业老板要求自己今日事今日毕，同时也督促员工都这样做，凡事不拖泥带水，这就是一种良好的工作习惯。

良好的习惯包括良好的生活习惯和工作习惯。上文所说的大都是工作习惯，其实生活习惯也很重要，比如我们平时要养成用心体会的习惯，要正确认识生活，不论是收获、喜悦、劳累、辛苦，甚至是辛酸，都是生活赐予的宝贵财富。如果我们能用心去体会生活的每一天，会发现生活比想象中更加美好！

同时要培养幽默快乐的习惯，如果你对生活的不如意都能够一笑置之，或者用幽默快乐的心情去对待，那么你会发现这些不如意将离你远去。世界上有很多人觉得不快乐，他们以为等到自己找到好工作以后、买下房子以后、孩子大学毕业以后、完成某个任务或取得某种胜利以后，就会快乐起来。这种人恐怕始终都无法快乐，因为快乐与否并不取决于外在条件，快乐是一种心理习惯，一种心理状态，如果不养成快乐的习惯和心态，就永远体会不到快乐的生活。

还要养成运动健身的习惯。因为身体是革命的本钱，不论你担任什么样的工作，从事什么样的职业，身体健康是干好一切工作的基础和前提，所以一定要随时注意你的身体健康。如果你工作很忙，而且忙得连运动的时间都没有了，那你可要注意了，因为没有任何事情比健康更重要了。财富买不到健康，但是健康却可以换来财富。一个人要想保持身体健康，需要养成以下习惯：按时进行早晨和晚上的锻炼；吃适合自己胃口的食品，但不要过量；每天步行半小时；休假时去多去户外活动，享受大自然的空气和阳光；做一些会使自己感觉更好的简单体操。

当然，在日常生活中你还有必要养成按时休息的习惯。即使你的工作非常繁忙，也需要有足够的休息时间以及适合自己的休息方式。大多数成年人每天平均睡眠时间在 7 至 7 个半小时左右，超过这个时间只是在白白耗费时间而已，对健康不但无益而且可能有害。

以上是工作和生活上的好习惯，此外，在为人处世上，我们也要养成好习惯，这样才能使我们的工作更顺利，生活更幸福。

首先，要养成谦虚为怀的好习惯。做人谦虚一点永远不是坏事，因为只有这样你才会发现自己的不足，才会发现"强中自有强中手"，进而激励自己不断前进。老子曾经告诫世人：一个不自我表现的人，反而显得与众不同；一个不自以为是的人，会超出众人；一个不自夸的人，会赢得成功；一个不自负的人，会不断进步。

其次，要有平和低调的好习惯。正所谓"月盈则亏"，当你觉得自己一帆风顺、志得意满的时候，也许就是你最危险的时候。所以，要学会隐藏自己的锋芒。面对成功，无须狂喜，更不要盛气凌人，要把功名利禄看得轻些、淡些，如此，才能知道人生真正的妙谛在何处，才会对人生有另一番感觉与体悟。

人要有经受成功、战胜失败的精神力量。成功了要时时记住，世上的任何成功或荣誉，都有赖于周围的其他因素，绝非一个人的功劳。失败了不要一蹶不振，只要奋斗了，拼搏了，就可以问心无愧。

最后，要养成时时激励自己的好习惯。在这个竞争激烈的社会，我们都会感到自己的压力很大，有些压力来自于我们的生活，有些压力来自于我们的家庭，更多的压力则来自于我们的工作。面对压力，我们不能退缩，也不能躲避，而是要不断激励自己，变压力为动力，勇敢迎接一切挑战。

所以说，养成良好的习惯对我们自身是很有帮助的。但是要养成良好的习惯并不是一件轻而易举的事，因为人并不是单纯地受理性支配，还要受自己的行为惯性的制约。所以要养成良好的习惯，首先需要克服以前的不良习惯的惯性作用。

那么，如何克服不良习惯的惯性，养成良好的习惯呢？一要认识养成良好习惯的意义，要清楚你一旦养成这个习惯后，能给你自己带来哪些好处，这样会激起你养成该习惯的强烈愿望。你还可以把你想要养成的好习惯都写下来，贴在自己经常看到的地方，以便不断激励和提醒自己。二要制订习惯养成计划，在制订计划时要给自己留有足够的时间，因为想在两三天内养成一个好习惯是很不现实的，一般至少要订一个三周以上的计划。你可以把计划写在纸上并且随身携带，以督促自己的行动。每天要求自己在同一时间和同一地点按照计划重复某一行为，若做到了就在计划上画个记号，体会一下完成任务给自己带来的乐趣，这其中定时和定点对养成习惯是非常必要的。三要为自己养成良好的习惯创造有利的条件。例如，如果你想养成运动的习惯，就要为自己创造易于运动的条件，如平时要穿运动装、运动鞋，并把运动器械放在自己触手可及的地方，这样行动起来也比较方便，自然容易养成习惯。

总之，养成良好的习惯对人生的意义非常重大，每一个良好习惯的形成都会把你带到一个崭新的境地，让你的人生更上一层楼。你渴望有一个良好的习惯吗？那么就不妨按上述方法试一试吧，你会从中享受到一种别样的幸福和快乐。

专注力决定你是否成功

高度集中的注意力，作为一种特殊的素质和能力，需要通过训练来获得。要想训练自己注意力，提高自己专注于某件事的素质和能力，首先应该为自己设定一个自觉提高注意力和专注力的目标，就是从现在开始时刻提醒自己，不论做任何事情，一旦开始，就要迅速地进入状态，不受外界环境干扰。当你有了这样一个训练目标时，你的注意力本身就会高度集中，就会排除干扰。

大家都知道，一个将领如果在战场上把自己的兵力漫无目的地分散开，就会被敌人各个围歼，这是兵家大忌。这与我们在学习和工作中一样，如果将自己的精力漫无目标地分散在各种事情上，就很难在任何一件事上取得成功。要想在某一件事上取得成功，就必须学会将自己的注意力集中起来。

保持高度集中的注意力，也就是专注力，是大脑进行感知、记忆、思维等认知活动的基本条件。在我们的学习和工作过程中，注意力是打开我们大脑的门户，而且是唯一的门户。门开得越大，我们掌握得东西就越多。而一旦注意力涣散，大脑的门户就关闭了，一切有用的知识和信息都无法进入。正因为如此，法国生物学家乔治·居维叶说："天才所具备的能力，首先是专注力。"

在正常情况下，专注力使我们的心理活动朝向某一特定事物，有选择地接受某些信息，而抑制其他心理活动和信息，并将全部的心理能量集中于所指向的事物。因而，增强专注力会提高我们工作与学习的效率，反之则会影响效率。

有这样一个故事：

战国时期，齐国有一位著名的下棋高手叫奕秋。由于他棋艺高超，声名显赫，从各地慕名而来的学生不少。结果有的学生只学了半年，便成了下棋高手；可有的学了一年，甚至两年，还是棋艺不精。有人便去问奕秋，这是怎么一回事？

奕秋说："下棋是个简单的技艺，可是如果注意力不集中，不能专心致志，仍然是学不好的。从前，我收过两个学生，一个学生听我讲棋艺时注意力非常集中，又认真观察我下棋，天天想的、看的、听的、做的都是下棋，结果棋艺大有长进，只用了半年时间，就成了全国的下棋高手。另一个学生，在我讲棋艺时，他端坐在那儿，貌似听讲，其实他的心里早就胡思乱想了。他是总幻想天空中有一只天鹅飞过，他正要拉开弓来射它呢！我的话，他根本听不进去。我下棋时，他也不认真观察，忽而玩弄这个，忽而张望那个，像这样的学生，别说教他一年，就是教他十年，也是学不好棋的。"

人世间有多少知识需要学习啊，但只有高度集中注意力去学才能学到；人世间又有多少事情要去做啊，但只有专心致志才能做好。奕秋的这个故事给我们的启发很深，它告诉我们，再能干的人，做事也要认真。所谓认真，也就是全心地投入，聚精会神，不受任何干扰，不分心。

其实，一个人能取得多大的成就，不仅取决于他的能力，也取决于他的专注力，即能否在某件事上高度集中注意力，排除各种干扰，将自己的能力发挥到最大限度。有些人之所以经历许多失败和挫折，不是因为他们没有能力，而是没有高度集中注意力，在最需要认真的时候分了神，导致自己的能力没有得到充分发挥。

培养自己专注力的可靠途径，是训练自己能在各种各样的环境下专心学习或工作。一旦确定了要干的事，你就要有计划、有目的地集中注意力，去把它干好，不受其他事物的影响和干扰。据说毛泽东青少年时代为了锻炼自己的专注力，就常到繁华的闹市去读书，而且能做到不受周围环境的影响。如果我们坚持在学习和工作的过程中有意识地锻炼自己的专注力，久而久之，良好的习惯就逐渐形成了。

心理学家普拉托诺夫说："要想使自己成为一个注意力很集中的人，最好的方法是，无论干什么事，都不能漫不经心！"

事实确实如此，集中全部注意力是做好一件事情的基本条件。所谓集中注意力，也就是平常所说的专心。高度集中注意力，也就是专心致志，此乃天才的重要素质，而且这个素质是可以通过后天的训练来培养和提高的。例如，梅兰芳先生就是从一个资质平平的孩子成为世界著名的艺术家，他的成功值得我们深思。

为了训练自己的专注力和舞台表现力，梅兰芳想出了各式各样的方法，并且持之以恒地加以练习。比如，为了让自己的眼神更加灵动，更好地传情达意、塑造角色，梅兰芳先生想出了看鸽子的办法。

以前北京有许多人爱养鸽子，梅兰芳先生小时候也非常喜欢养鸽子。养鸽子的人每天把自家的鸽子放出去，鸽子在天空飞翔，养鸽者在地面观察、指挥，用一根长竹竿，上面拴一条红绸子，指挥鸽子起飞，如果换成绿绸子，就是要鸽子下降。附近有许多人家的鸽子放向天空，而鸽子也有个有趣的习性，爱相互串飞，如果自家的鸽子训练得不熟练，很可能被别人家的鸽子拐走。梅兰芳要手举高竿，不断摇动，给鸽子发出信号，同时还要仰着头，抬着眼，极力注视着高空中的鸽群，要极力分辨出里面有没有混入别人家的鸽子。天长日久地练下来，梅兰芳先生的眼皮下垂竟然治好了，呆滞的眼神变得灵活传神了，视力也得到了极大的提高，臂力和腰力也练成了，注意力也更加容易集中了，学戏的效率提高了，思考能力也增强了。

这种做法之所以会产生如此好的效果，是有其道理的。当人的双眼长时间地凝视某一点时，视野就会变得集中，那些容易导致注意力分散的事物也会被忽略，因此人的意识范围也相应集中，从而使人变得更加专注。

生活中，一旦我们选择做某件事情就必须坚持下去，从入门开始，到逐步熟练，最终完成这件事。这件事完成了，能力也就培养出来了。如果每件事都这样从头到尾坚持不懈，不但可以让你的事业成功，生活愉快，更重要的是能够让你从中感受到无尽的幸福。

抓住目标，也就抓住了幸福

我们先看这样一个故事：

父亲带着三个儿子到草原上捕捉野兔。在到达目的地，一切准备停当，开始行动之前，父亲向三个儿子提出了一个问题："你看到了什么呢？"

老大回答道："我看到了手里的猎枪，在草原上奔跑的野兔，还有一望无际的草原。"

父亲摇摇头说："不对。"

老二回答道："我看到了爸爸、大哥、弟弟、猎枪、野兔，还有茫茫无际的草原。"

父亲又摇摇头说："不对。"

而老三的回答只有一句话："我只看到了野兔。"

这时父亲才说："你答对了。"

这个故事告诉我们，漫无目的或目标过多，都会阻碍我们前进，只有明确了自己的目标，我们才能在成功的道路上少走弯路。否则，我们就会在与目标无关的事上浪费过多精力，最终可能一事无成。

目标是一个人对所期望成就事业的明确认识。一个没有目标的人，无异于盲人骑瞎马，其前景绝对不容乐观。但是，仅仅有目标是不够的，必须明确它，锁定它。因为模糊不清的目标不但不能帮助你达到想要的结果，反而会让你陷入迷惑之中，让你觉得成功太遥远，可望而不可即，最终使目标成为空想。

一句英国谚语说得好："对一艘盲目航行的船来说，任何方向的风都是逆风。"没有目标，我们的梦想便是无的放矢，无处归依。有了目标，才有斗志，才能开发我们的潜能，也才有可能实现我们的愿望。

有句话说得好："最危险的生活，就是没有明确目标的生活，没有目标的生活就像没有舵的船。"生活一旦没有目标，就可能放任自流，随时都有触礁或被巨浪吞噬的可能；工作没有目标，就可能漫无目的，得过且过，自然谈不上有所作为了。所以，只有锁定目标，才能全力以赴达成结果。

美国财务顾问协会总裁刘易斯·沃克在接受一位记者采访时被问道："影响一个人获得成功的主要因素是什么呢？"

沃克回答："没有明确的目标。"

许多成功人士都有过这样的切身感受：明确的目标会带给你激情的火花，它就像成功的助推器，会推动你向成功靠近。一个人如果没有明确的目标，就会失去崇高的使命感，同时也就丧失了进取的动力。

有了美好的理想，你就看清了自己想要获取什么样的成功；有了明确的目标，你就会有一股无论顺境还是逆境都勇往直前的冲劲，就能达成你为之努力的梦想！

某商学院的学生集体到野外登山。老师想让这次活动更有意义，于是预先将一面红旗插在隐蔽的地方，对学生们说："我在这座山上插了一面红旗，你们现在就出发去找它。最先找到的人将拥有这面红旗。"于是学生们兴高采烈地出发去寻找了，可他们越找越累，最终失去了兴致，都在山上坐了下来。

老师鸣哨集合，对大家说："现在我把红旗插在了下一座山顶上，从这里到那里有四五条路，你们分成三组，各选一条路，哪一组能率先到达，哪一组就能拥有这面红旗。"于是三组学生各自推选了一名队长，这三位队长各选了一条路，同时出发了。他们先后接近山顶，就在他们即将到达山顶时，都发现了那面红旗，结果每个队员都奋力向前，没有一个人因为劳累和疲倦而抱怨或放弃。

登山结束后，老师意味深长地说："山上的红旗就是目标，在你们长长的一生里，每一次行动都要有明确的目标作指引，千万不要漫无目的地随意行动，否则你们可能什么也得不到。天底下所有的收获都属于那些有明确目标的人。"

那么，要怎样确定自己的目标呢？

首先，要从自身需求入手。树立明确的目标，需要你对于自身需求做出准确的判断，根据自身的实际情况制定目标。成功学大师拿破仑·希尔说："我们不能把目标放在真空里，你必须结合自己的需要和希望，找到切合实际的目标。"随着外界环境的不断变化，一个人的欲望和需要也时刻处于变化之中。因此，你必须经常审视自己的需要，修订自己的目标。最好每隔几个星期就反思一次，这样，你的目标才能切实可行，你的行动才不会偏离正确的轨道。

其次，目标不要过于笼统。如果你的目标过于笼统，就会限制你的能力的发挥。因为不管你多有能力，如果你不把精力集中到特定的目标上，有限的精力就会被过度分散，从而降低工作效率。只有集中有限的精力，才能最大限度地做好自己的工作。

最后，要学会分解目标，逐个击破。人应该有远大的志向和宏大的目标，但这个目标往往距离现实太遥远，人们在日常的工作生活中很难看到明显的成果。而人类又有一种普遍的心理：如果工作到了一定的时间和程度，仍没有看到进展，就会产生焦躁不安和厌倦的情绪，对手中的工作就会失去兴趣，这样你就很难调动起工作的积极性，自然会使工作停滞不前。在这种情况下，你可以通过设定分期目标来解决这个问题。把大的目标分成一个个小的目标。相对于大目标来说，小目标更容易让你在较短的时间内看到成果，这对每个人来说都是最好的激励。而当你一步步地完成这些小目标的时候，大目标也就实现了。

从某种意义上讲，清晰的目标应该像汽车的运行时间表。时间表上明确地说明某班汽车几时自某地发车，几时抵达某地。清晰的目标也必须规定出明确的完成期限以及应该达到的标准。

有了明确的目标之后，你还需要有具体的实施计划。只设定了目标是不够的，因为设立目标时考虑的只是"是什么"的问题，而实现目标则需要考虑"如何进行"。在实现目标的过程中，最关键的是盯住目标。只有紧紧地盯住目标，将全部精力集中在目标的完成上，才能更快更好地完成任务。如果你"眉毛胡子一把抓"，结果只能是"事倍功半"，甚至是"徒劳无功"。

曾有一个老师给孩子们讲了一个故事：有三只猎狗追一只土拨鼠，土拨鼠钻进了一个树洞。这个树洞只有一个出口，可不一会儿，居然从树洞里钻出一只兔子。兔子飞快地向前跑，并爬上另一棵大树。兔子在树上，仓皇中没站稳，掉了下来，砸晕了正仰头看的三只猎狗，最后，兔子终于逃脱了。故事讲完后，老师问："这个故事有什么问题吗？"有人说："兔子不会爬树。"还有人说："一只兔子不会同时砸晕三只猎狗。"直到再也没有人能挑出毛病了，老师才说："还有一个问题你们没有提到——土拨鼠哪去了？"

猎狗追逐的目标是土拨鼠，可它们的注意力却被突然冒出的兔子吸引走了，而忘了最初的目标。在追求目标的过程中，经常会半路冲出个"兔子"，分散你的精力，扰乱你的视线，使你中途停下来，或者走上岔路，而放弃了自己原先追求的目标。因此，锁定目标是提高绩效的基础。只有盯住"土拨鼠"，盯住目标，你的奋斗和努力才会有意义，你才能最终取得成功，过上你想要的幸福生活。

第五章

知足常乐，幸福就是一种满足感

知足常乐是打开幸福之门的钥匙

人们常说"知足者常乐"，的确，满足感是影响人们幸福感的重要因素。无论你当下的生活有多么的不如意，但只要你心中有满足感，那么，你就能够找到幸福。

当然，常言也说："不满足是向上的阶梯。"诚然，人生不能缺少进取心，但过分追逐名利往往得不偿失。其实，很多时候，只要你努力过了，付出了，也得到了收获，就不该对自己过分苛求，要知道，只有知足才能打开幸福的大门。

"知足"一词看似简单，只要我们对所拥有的东西感到满足即可，然而现实中却很少人能够做到，因为许多人总是无法客观地认识到自己已经获得的东西，总是把注意力放在自己没有的东西上，不满眼前的状态，因而很难用平和的心态面对人生，很难感受到就在身边的幸福。

一个很富有的商人，过着奢华的生活，但是他却感觉不到幸福。他回忆自己年少时的梦想，以为得到这一切财富就能收获快乐，直到拼搏了大半辈子才发现，原来，所谓幸福与财富并不相等，有些时候，你拥有了全世界的财富，却比不上一个乞丐快乐。

像这位商人一样，为财富奋斗了大半辈子才悟出"有钱不等于幸福"的人不在少数。如果他们肯在拼命赚钱的同时，多给自己一些时间，停下脚步去享受现有的生活，对自己的生活多一些满足，便不会在多年之后才感慨时间已过，幸福不再。这个世界上唯有知足的人才能领悟幸福的奥秘。

你或许会说，自己何尝不想停下来享受生活，只是并非自己不满足，而是当下社会压力这么大，怎能停下来享受呢？不可否认，生活中的压力随处可见，但这并不影响你学会知足。这个世界上没有任何人可以给你减压，只有你能够将自己的压力释放，只要你把心态放得淡然些，把握现在的生活，用知足的心态面对已经得到的一切，享受已经得到的幸福，这便是把握当下的意义，更是快乐的真谛。

知足并不是安于现状，不是不思进取，更不是固步自封，而是对当下已经拥有的东西的珍惜与满足，对眼前生活的充分享受，更是对未来生活的蓄势待发，为今后的进步提供更广阔的平台。知足常乐的心态是奋发进取的基础，它能让我们以更积极的心态迎接未来的挑战。

人们在生活中时常犯的错误就是，总是在考虑没有得到的东西，而常常忽略自己手中已有的东西。有些人受欲望的驱使，常常把太多的精力浪费在不正当、不适合自己的事物中，甚至为此不择手段，直到有一天他们得到了自己欲望唆使的东西后，才恍然发现那并非幸福，但是已经无法回头，徒留悔恨。

李晓奇隔着铁窗望着自己年幼的儿子，心里说不出的后悔，儿子还那么小，他不停地拉着妈妈的袖子问："爸爸怎么进到那里面去了，什么时候出来，不是说要一起去游乐园玩吗？"

听着儿子的话，李晓奇的妻子哽咽着，李晓奇更是泪流满面。他回想自己当初的生活，多么的幸福啊，怎么自己就是不知道满足呢？

李晓奇大学毕业后就和妻子结婚了，婚后妻子去了事业单位上班，而他则下海经商。李晓奇很有经商头脑，生意越做越好，30 出头的他已经是小有名气的私营公司老板了。

那段时间的李晓奇是风光的，当然他的妻子也跟着自豪。看着事业越来越稳定，他们决定要一个孩子，一年后，李晓奇的儿子出生了，这对李晓奇一家来说无疑是一桩大喜事。

但是随后，李晓奇开始感觉到，要继续为了家人的幸福而努力打拼，虽然妻子无数次说已经很满足现在的生活了，可是李晓奇不以为然，他认为自己还可以让家人过上更好的生活。抱着这样的想法，李晓奇有了一种急于发财的念头。

恰逢这个时候，他的一个大学同学找到了他，说想和他一起做一个项目。虽然那个同学讲得很委婉，但是李晓奇一听便明白了所谓的项目其实无异于商业融资，即以李晓奇现有的公司为背景，加上同学的人脉，两个人合伙融资。李晓奇觉得这件事虽然风险很大，但是如果成功就能大赚一笔，于是便和同学合作了，可是没想到正赶上经济危机，融资之后投了两个项目结果都赔了大钱，后来，他们只能通过不断融资来填补亏空，债务就像滚雪球一样越滚越多。最后，很多人举报了李晓奇的公司，李晓奇因商业诈骗入狱……

回首往事，李晓奇感到无比后悔，融资的风险有多大他其实早就知道，可是贪念和不满足使他越陷越深直至无法自拔，他也因此失去了原本幸福的生活。

知足是幸福的基础，一个懂得知足的人无论在什么时候都能够心平气和地看待问题，尤其是在遇到挫折和坎坷的时候，他们总是能做到多想想自己已经得到的东西，这样一来，他们很快便能恢复平静的心情，将心中的不悦之情、不满之气通通释放掉，心情自然也就变好了，生活依然充满幸福。

当我们感到生活不如意的时候，不妨多想想知足这两字，多想想自己已经得到的，少一些贪心，无论是对钱、对名抑或是对情，都淡然一些，这样，我们才能看得更远，得到更多！

如果你还在为不快乐而烦恼，如果你还在抱怨生活不够幸福，你应该意识到，这并非你的生活出了问题，而是你的内心出了问题。在这个世界上，能让人烦恼的往往只是一件事，那就是想要得到的东西没能得到，因为不满足而感到烦恼。试想一下，如果我们能够对人生少一些要求，少一些贪欲，变得知足一些，少去钻牛角尖，生活便会是另一番样子。俗话说知足常乐，"知足"是"常乐"的前提，没有"知足"就不能有"常乐"，这一点，是我们每个人都该记住的真理！

欲望不能带来幸福

幸福是什么？幸福其实很简单，只要你懂得去聆听内心的声音，扔掉那些过分繁重的欲望，在人生之路上轻装上阵，那么，你便会时时刻刻生活在幸福之中。

很多人认为，追求幸福就要最大限度地满足自己的欲望，其实这是大错特错的。追求幸福，应该从降低欲望做起，让自己平和地去面对人生。试想一下，如果你的心里总是装着太多的欲望和追求，每天都为这些事情而烦心不已，你怎么能感受到幸福呢？幸福与欲望永远是成反比的，欲望越少，幸福越多。

每个人都有心里的愿望，但正如一句话所说："希望越大，失望也越大。"有些时候，对眼下的生活多一些满足，才会多一份快乐。

欲望是难以填满的深谷，面对深谷，与其放任自己深陷其中、不能自拔，不如收敛起欲望，以平常心面对生活，珍惜眼前所拥有的一切，这样，你的生活才会是充实的、幸福的。

有这样一个故事：

两个人去太阳谷淘金，第一个人装了一个袋子马上走了，以免被太阳的高温灼伤；而第二个人看着满地的金子，不停地装，第一个人喊他快走，他就说再等等，再装一块，可是装完一块，又是一块，眼看着太阳光就要照过来了，他才想起要跑，可是这个时候，身上背的金子太重了，根本走不动，第一个人让他丢掉金子，但是他不肯，最后被活活地烧死了。

的确，欲望有的时候就像是滚雪球，会越滚越大，在后面追赶着我们向前走，但是，欲望真的能带领我们到达幸福的目的地吗？

现实生活中，我们习惯了为了欲望而奔波忙碌，习惯了向生活索取，以为得到的越多生活便会越幸福，殊不知，当我们为了满足欲望而费尽心思时，我们已经错失了幸福的机会，因为欲望是永无止境的，如果耗尽一生去追逐，得到的只能是一生的烦恼。

贾鑫一直是一个很有上进心的人，大学毕业后，他便开始努力工作，一拼就是四五年，当然，这种拼劲也让他年纪轻轻就成为了公司的中层管理人员。这个时候，家里人催促他和相恋五年的女友结婚，他却总说再等等，不是因为不在乎女友，而是觉得事业还需要拼搏，现在不是结婚的时候。理解他的女友一次次地妥协了，但贾鑫始终没有结婚的念头。最终，女友选择了别人，不是因为不爱贾鑫，只是因为贾鑫没有给她一个承诺。

女友的离去并没有让贾鑫开始反思自己的生活，相反他更加拼命工作，没完没了地应酬，没完没了地喝酒谈生意……时间一过又是四五年，贾鑫如愿当上了公司的总经理，在就职会上，贾鑫又给自己定了新的计划，可就在那之后没多久，贾鑫竟然昏倒了在办公室，到医院检查后，医生说是因为长期的忙碌工作、吸烟喝酒等不良的生活习惯所导致的。

医生告诉贾鑫："以后少喝酒，减少应酬，保护身体最重要，这样才对得起你的家人啊！对了，你有妻子了吧，你可以让她多给你做一些清淡的食物吃，这对你的健康很有帮助！"

医生无意间的一句话，让贾鑫为之一愣，是啊，自己眼看就要 40 岁了。这个时候，他突然想起了曾经的女友，想到他们在一起时的快乐，想自己当初为什么没有结婚？

贾鑫通过询问其他同学，得到了女友现在的地址。那天早上，他早早地来到女友家门前，不为别的，就是想看看她。没过一会儿，那扇门开了，女友从门里走出来，她还是那么漂亮，而且更成熟了，她身后的男人抱着一个小男孩，他们有说有笑，看上去十分幸福……贾鑫看着那一幕，心想曾几何时这也是他想象中的幸福，可是他却错过了。目送着女友和家人离开之后，贾鑫走下车，站在树下，深深地吸了一口气，突然觉得轻松了很多。接下来他开车去了大学时候最喜欢的快餐店，点了一份盖饭，没想到老板娘时隔那么久还记得自己，像以前那样给自己的盖饭上加了一个煎蛋，贾鑫吃着，觉得自己这么久从未吃过这么好吃的东西，也就在那一刻，他恍然觉得，自己拼搏了这么多年，以为能够得到幸福，却不料，原来幸福就在被自己忽略的小事中，只是曾经的他没有为此而感到满足，因为欲望让他想要的更多，同时也失去了更多！

欲望从来无法给人带来幸福，只有一颗懂得知足、懂得珍惜的心才是幸福的源泉。

贪婪之心，害人害己

面对生活中的诱惑，我们应该少一分贪婪，多些理性的思考，这样才能避开那些生活之中的陷阱，才不会被贪婪的欲望套牢。

　　这个世界上最容易上当受骗的就是爱贪小便宜的人，他们因为心中贪婪驱使，忘记了"天上不会掉馅饼"的道理，为了一点甜头，最后吃尽苦头。

　　前不久李女士就遭遇了这样一件事：

　　李女士今年55岁了，那天她在去超市回来的路上，意外地在路边发现了一个小盒子，刚要捡起来，旁边一个年轻的女孩也走过来，先李女士一步捡了起来，打开一看，是一条手链。"哇，这款手链我见过，是白金的，挺贵的呢！"女孩说道，又看了看身边的李女士，便故作姿态地说："阿姨，这个手链是咱俩一起看到的，我特别喜欢它，要不我给你点钱，你把手链给我吧！"

　　李女士一听，自己什么也没干，就能拿钱，自然很是开心，于是，女孩让李女士在原地等着，说自己去取钱，还说既然她俩已经说好了，即使失主来了也不能归还手链，李女士点头答应，便在原地等。

　　没一会儿，一个小伙子匆匆忙忙地过来，好像是在找东西，看到李女士便问："您看到一个盒子没有？里面有一个手链，是我刚给我未婚妻买的，5000多块呢，让我不小心给丢了，这可怎么办？"

　　李女士犹豫了一下，摇摇头说没看见，同时心里进一步确定这款手链很值钱。这个时候，那个女孩也回来了，对李女士说取款机出故障了，取不出钱来。女孩故作纠结地待了一会，对林女士说："要不我把手链给你了，你给我800块钱就行！"

　　李女士思前想后，觉得用800元换5000元很划算，便同意了。因为自己捡了别人的东西还私自做了交易，所以李女士拿着手链便匆忙回家了，到了家里这才来得及仔细一看，发现手链并不是什么白金的，后来儿子回来了，一看便说李女士上当了，那根本就是一条连20块钱都不值的假货。

后来，李女士报了案，经过警察调查，李女士才恍然大悟，原来所谓的失主和女孩都是骗子设下的圈套。经过这一次被骗，李女士也吸取了教训，以后再也不贪小便宜了！

这个世界上没有免费的午餐，如果你因为一时的贪婪而贪了小便宜，无异于掉进了一个陷阱，与你失去的相比，你所得到其实微不足道。贪婪的欲望就像是毒品，一旦沾染就很难摆脱，然而，你始终要记得，如果你放纵自己的贪婪之心，等待你的绝不是如你所愿的美好与幸福，相反，是让你无法自拔的陷阱。

摆脱贪婪的蛊惑，对生活少一些贪欲，对现状多一些满足，对世事多一份冷静与清醒，这是我们每个人都该具备的素质！

内心的富足胜过一切

有人曾说过这样一句话："房子再大，睡觉的床七尺大也足矣；生前有再多的钱，死后也带不走一分一文，最后容纳我们的也就是一个小盒子……"这句话说出了人生的真谛——并不是得到越多就越幸福，其实珍惜眼前所有的才是最重要的。

这个世界上的人们，每天都在寻找幸福之道，殊不知，幸福并不需要我们去寻找，幸福其实就在我们心里。

有些人物质上富足，但是内心贫瘠，这样的人不会幸福；有些人虽然过得平淡，但内心富足，这样的人必定幸福常伴，由此可见，真正的幸福源自富足的内心。但生活中能做到这一点的人其实并不多，许多人原本拥有幸福的生活，但因为内心的贪婪和不满足驱使，终日忙于拼命追逐眼前的利益，结果变得郁郁寡欢，错失了幸福。

如果我们能清心寡欲一些，能够对自己的欲望多些克制，对待人生多些满足，少些贪婪，幸福便会不期而至。

鱼竿和鱼的故事大家肯定都听过：两个饥饿难耐的人，祈求神明能够帮他们填饱肚子，这个时候，神明真的出现了，并且拿出两样东西给他们选择，一个是一条鱼，另一个是一根鱼竿。一个人选择了鱼，另一个人选择了鱼竿，拿到鱼竿的人对拿到鱼的人说："你可真傻，一条鱼很快就吃完，到时候你就又要挨饿了。"拿到鱼的人却说："我眼下就需要一条鱼。"接着便开始生火烤鱼，没一会他就饱餐了一顿。而那个拿到鱼竿的人来到一条小河边钓鱼，等了很久，他终于钓上了一条鱼，但是他觉得鱼太小，于是就继续钓，一连钓了四五条，他还是觉得不够大，便继续钓，直到终于钓到了一条大鱼，可就在他把鱼钓上来的一瞬间，他也倒在了河岸边，因为他太饿了，已经没有力气吃鱼了，就这样，他被活活饿死了！

20多年前，罗布泊曾经一度被人们认为是死亡之地，因为那里环境恶劣，很多人都一去无回。一个人从罗布泊回来之后写了一本游记，记录他一路上的感想。他记得，一天他走在荒芜的土地上，看到不远处有一面用土垒起来的小矮墙，他走近一看，墙边竟然倒着一具赤裸的尸体，他吓了一跳，随后四处看了看，找到一个本子，想必是这个人的日记。他打开日记后一页一页地看着，日记里一开始记录着这个人在这里的见闻，然而最后几页却是他对自己生活的回顾。他清楚地看到这个人对自己的生活充满感恩之情，这个人深情地回忆了自己来这里探险之前的幸福生活，然而，他始终认为自己的人生不能是停下来的，要不断去探索，于是，他离开家人走上了探索之路，却万万没想到一去不能回，于是，他记下了他对人生最后的感激，感激他曾经拥有的幸福的生活。

是啊，我们来到这个世界上的时候一无所有，离开的时候也注定一无所有，但看看你现在的生活吧，你已经拥有了多少东西——有人爱你，有工作可以做，有地方可以住……如果你总是感到不满足，总是在祈祷上天给你更多的东西，那么不妨看看你已经得到了什么吧，如果你能懂得知足、懂得珍惜，你便能得到幸福的眷顾。

弱水三千，能饮之水不过一瓢

"弱水三千，只取一瓢饮"，这句话常被用来形容一个人对爱情的忠贞，其实生活又何尝不是如此呢？面对生活中的种种选择，我们必须有所取舍，拥有了一些就势必要放弃另一些，要知道，这个世界上永远没有鱼和熊掌兼得的美事！

在生活中我们应该尽可能戒除贪婪之心，面对种种的诱惑，应当以一颗淡泊的心去面对，不是安于现状也不是固步自封，只是理性地去面对人生。"弱水三千只取一瓢饮"是一种取舍的智慧，更是做人的准则。

古时候有一座寺庙，庙里的师父让两个和尚去提着桶挑水，但是给他们的桶每一个中间都有一个豁口。第一个和尚为了减少挑水的次数，每次都把水装得满满的，然后快速往寺庙里跑，以为这样能够减少漏水的数量，殊不知在奔跑的时候浪费了更多的水；另一个和尚则每次都把水倒到豁口附近，然后保持平稳的速度回到寺庙，结果每次都要比第一个和尚挑得多。第一个和尚不明白为什么，便去问师父："为什么我装得满、跑得也快，却比不上他装得少、走得慢呢？"

师父笑了笑说："世事皆如此，只是你太过急功近利，却忘记了要做到

'恰到好处'、'适可而止'！"

的确，只有我们懂得适可而止的道理，才能更接近幸福；反之，如果太过急功近利，我们的生活便只剩下抱怨，以及劳烦之后的苦恼。

一个可怜的小乞丐来到了一个镇子，镇子上的一个寺院收留了他，他便开始潜心跟着师父修佛。但是没多久，小乞丐发现自己的衣服已经破得不能再破了，于是他对师父说："给我一件衣服吧。"师父告诉他寺院里没有，他得去镇子上去讨，于是小乞丐到了镇子上。人们觉得他很可怜，给了他一块布。小乞丐拿着布回到寺院里，又觉得只有一块布也不能穿，便对师父说："用这块布给我做件衣服吧。"师父还是让他到镇上去，于是，小乞丐就去了镇子，遇到一家好心人把布给他做成了衣服。回到寺院后，小乞丐突然想要学习，便问师父要毛笔、宣纸，每一次师父都是那句话，于是小乞丐不断往返于寺庙与镇子，拿回来的东西越来越多，从最初一周去一趟镇子，到现在几乎每天都要去镇子，他的房间里堆满了从镇上讨来的东西。

这天当他又要问师父要东西的时候，师父对他说："回到你的房间去看看，你已经有很多东西了。"

师父跟着小乞丐来到他的房间，看到桌子上和地上已经堆满了东西，师父对小乞丐说："在你没来之前，这里的小和尚没有衣服会用草芥挡身，没有笔会用树枝代替，没有纸就写在地上……而你总是有那么多东西想要得到，当别人一次次给予你之后，你所想要的东西便越来越多，长久下去，恐怕你会把山下的镇子搬上来！"

人的欲望是无止尽的，小乞丐在得到了这样东西又会想要得到另一样，永远都不会满足，因为他总是想着自己没有的东西，不懂得去看看自己已经拥有的东西。

在我们的生活中，诱惑无处不在，我们只有做到内心的满足，才能不被贪欲驱使，不会被利欲捆绑，不会被欲望束缚……只有平和淡然地去面对这一切，时刻想到自己已经得到的东西，并且珍惜已经得到的东西，我们才能赢得人生的快乐与幸福。

幸福是一种心灵感觉

幸福是一种心灵感觉，它沉淀在每个人的内心深处。

生活中，或许你没有丰富的物质与名利，但只要你拥有一份好的心情，你就是幸福的。当你用乐观的心态对待生活的时候，幸福就会像影子一样出现在你的身旁。

人生一世，每个人都希望自己能够快快乐乐、开开心心地过一辈子。也许个人对幸福的理解各不相同，但渴望拥有幸福的愿望却是共同的。有的人认为幸福是考上理想的学校，有的人认为幸福是找到一个知心爱人，有的人认为幸福是儿女们常回家看看……其实，幸福是一种心灵感觉，是享受生活中那份自然和恬淡，是获取点滴快乐之后的满足。

曾有人讲过这样一个真实的故事：

在一个夏日雨后的黄昏，我用自行车带着儿子上街，行人不多，街面低洼处还存着一洼一洼的雨水。

从迎宾路向南城河边一拐，沿河堤向南是进入城区的一道斜坡路面，自行车快速地滑翔而下，湿润清凉的风迎面而来，只听身后的儿子喊道："啊！妈妈，我好幸福啊！"

听了这声喊，我先是一怔，而后便开心地大笑起来。幸福！是啊，幸福！记得有一位名人说过：人类一切追求的最终目的，就是为了获取幸福，但大多数得到的往往不是幸福，而是苦痛和失望。然而，幸福却又是轻易可得的，我的儿子就是在我的自行车短暂快速的滑翔中，在那一缕清风中，伸开双臂抱住了幸福。

那么，幸福到底是什么呢？其实幸福只是一种感觉，是一种拈花微笑的禅意。只有心地无私和知足常乐者才会时时看到幸福在向他招手微笑，只有觉悟了人生真谛的智者才能在生活中时常满足和舒畅，而贪婪者永远被关在幸福之门的外面。

杜甫在《狂失》中说："万里桥西一草堂，百花潭水即沧浪。"杜牧也在他的《不寝》中说："莫贪名和利，名利是身仇。"诗人们告诉我们：名利是贪不得的，身居草堂也一样清心明志，便可获取人生的真情趣。

有一个富翁，什么都有，却总是闷闷不乐，总觉得还少些什么。一天，他经过集市，看见一个衣衫褴褛的乞丐，便很轻蔑地向他扔了一枚小钱，并调侃说："像你这样一无所有地活着有什么意思？"

"喔！大人，我虽然没钱没势，可我有一样您没有的宝贝。"

"你有什么宝贝？我可以出高价向你买，快说，快说！"

"只怕您买不起。"

"笑话！我不信天下还有我买不起的东西。"

"这样东西不能卖，因为它是一种感觉——幸福！"

所以说，幸福其实很容易，也很简单，幸福只是一种内在的心灵感觉。只要用心去体验，去感悟，幸福便会在心底油然而生。

当我们饥肠辘辘时，得到一片面包，就是幸福；当我们迷路时，一个路标的出现，就是幸福；当我们伤心泪落时，一声安慰的话语，就是幸福……

从前，一个年轻的王子整天生活在王宫里，他觉得生活很寂寞，很单调，没有幸福。王子听管家说，幸福是一只很会唱歌的青鸟，如果能找到它，并把它放进一个黄金做的笼子里，就可以得到想要的幸福。于是，王子决定去寻找这只青鸟。虽然国王和王后苦苦挽留，但王子还是执意离开王宫，去寻找他想要的幸福。

一路上，王子抓到过很多会唱歌的青鸟，但这些青鸟放进黄金笼子就都死了。王子知道，这些一定不是他想要寻找的幸福。当王子找了许多年，已不再年轻时，他决定回去看望父母。等他回家后，才发现早已物是人非，父母因为过度悲伤和思念已离开了人世，王国的百姓因为没有了国王的统治也都离开了王国。

后来，王子在荒凉的街头遇见了王宫的老仆人。老仆人从破旧的口袋里掏出了一样东西交给了王子，并让他好好珍藏，因为那是国王和王后留给他的。王子把东西拿在手里，才发现那是小时候父亲为他雕的一只木黄莺。刹那间，所有的回忆都在他脑中涌现，王子把这只木黄莺紧紧地抱在怀中悲伤地哭了，因为这使他想起当年在王宫里度过的幸福时光。哭着哭着，王子突然感到怀里的木鸟动了，而且叫出了声音。原来，木鸟变成了一只青鸟。直到这时，王子才明白，幸福一直就在自己身边，只是自己身在福中不知福。

幸福是一种心情，人之幸福，全在于心之幸福。或许你没有巨额的财富与显赫的地位，但只要你拥有美好的心情，那么你就是幸福的。

用平常心对待幸福

平凡是一种幸福。做一个平凡的人，可以享受劳动和工作的快乐，这是一种平凡人的乐趣，也是平凡人的幸福。

平凡的岁月，平凡的人，平凡的生活，平凡的情，平凡的幸福，需要一颗平常的心。平平凡凡地劳作，才是平凡的幸福永恒的底蕴。

心理学家说：幸福与积极的心态密切相关。如果一个人决心获得幸福，那么就能得到幸福。而心态消极的人不仅不会吸引幸福，相反还会排斥幸福，即使幸福悄然降临到他身边，他也会毫无察觉，因而与幸福失之交臂。

人生在世，谁都希望生活得幸福快乐，拥有快乐的心情会感到活着是美好的、幸福的。而真正幸福美满的人生不是过得如何舒适，活得如何安逸，而是要活得心安理得，快乐充实，在平凡的生活和工作中充分地将生命的价值发挥出来。

其实，一个人活着从来不需要轰轰烈烈，因为平平淡淡才是真。不要对生活期待过高，否则等待你的就是失望和烦恼。做人要面对现实，不要幻想那些浪漫的偶像剧情节，那都是虚幻的，我们需要的是在平凡的人生中体验真正的幸福。

平凡人的幸福，在于他有一颗平凡人的心，这是易于满足和获得快乐的心，是宽容与善良的心，是朴实与感恩的心。有了平凡的心，就能从容淡然地面对生活，不为诱惑所扰，不为世态所累，即使经历风雨，也能享受到普照心灵的阳光，感受天伦之乐、友情之真、劳作之悦。快乐从来不需要任何理由。正如著名哲学家尼采所言："对于平凡人来说，平凡就是幸福。"

守住平凡，并不是在生活中随波逐流，更不是自我麻痹，而是能在纷繁复杂的世事中保有一种智慧与释然，是对人生追求但不苛求的积极心态，是善待自我、固守宁静的散淡洒脱，是心怀感恩的诚挚平和，是有着甘地式的"简朴的生活，崇高的思维"。

有一对幸福恩爱的小夫妻，他们本来过着节俭、快乐、幸福的生活，直到有一天，丈夫意外地拾到一条红头绳后，原有的幸福生活渐渐地离他们远去了。

丈夫把捡来的头绳系在了妻子的头上后，大家都觉得他妻子比以前漂亮了。但他们很快发现妻子的围巾显得有些土，于是丈夫又用家里的积蓄为妻子买来了新头巾，大家都夸他的妻子更漂亮了，但马上又觉得妻子的上衣太旧了，丈夫又为妻子买来了新上衣。就这样，丈夫为妻子花光了家里所有的积蓄，还欠下了外债，还是满足不了妻子日益增长的需求，最后，大家甚至觉得他和妻子有些不般配了。于是，夫妻俩终日在焦虑与无奈中奔波着，彼此的矛盾也越来越深。

这对小夫妻原本是一对平常幸福的人，过着属于自己平凡而快乐的生活，但由于他们没有经得住那个偶然的微小诱惑的考验，那颗平凡人具有的平凡心被打碎了，因此走上了痛苦与烦恼的不归路。

其实，把握住平凡的幸福很简单，只要你善于发现生活中的点滴快乐，感受平凡中的美丽，久而久之，就会汇成幸福的涓涓细流，定格成你生活的永远底色。否则，就如古希腊学者苏格拉底所言："当我们为奢侈的生活疲于奔波的时候，幸福的生活已经离我们越来越远了。"

所以说，拥有一颗平凡的心，你就会发现，平凡也是一种幸福。

容易满足的人更有幸福感

知足就是对已经得到的生活或者已经完成的愿望感到满足，并充分肯定当前的生活状态，从而始终保持愉快平和的心境。知足并不是安于现状，不思进取，固步自封，而是对现有的收获加倍珍惜，对已经取得的成果充分享受，也是对现有潜力的充分发掘。

孔子盛赞颜回："一箪食，一瓢饮，在陋巷，人不堪其忧，回也不改其乐。

贤哉，回也！"颜回确实达到了很高的人生境界，他能躲开世俗的喧嚣和诱惑，保持内心的一份宁静，在简单和知足中快乐而幸福。

在我们的身边，有的人虽然没有浪漫的际遇，但却有脚踏实地的生活，所以，他知足，他幸福；有的人虽然没有美丽的容貌，但却能以自己的真诚与善良赢得真爱，所以，他知足，他幸福；有的人虽然没有丰裕的财富，但却因自己的勤劳而自得其乐，所以，他知足，他幸福；有的人虽然没有过人的天资，但却以执着的信念攀上巅峰，所以，他知足，他幸福；有的人虽然没有一帆风顺的运气，但却以一往无前的意志而不断前进，所以，他知足，他幸福……

要始终相信上帝永远是公平的，他或许关闭了你人生中的一扇门，却并没有忘记给你点燃生命中的一盏灯。面对太多的不如意，你无须怨天尤人，而应坦然面对成败得失，在恬恬淡淡、平平静静中学会知足，并正确对待和把握人生。

有这样一个故事：明末清初，杭州有个叫常乐的秀才，年届三十，却没有考中举人。他父母双亡，孤身一人，家中一贫如洗。他靠卖字画为生，遇到字画卖不出去时，只得沿街行乞。

一个寒冬的傍晚，北风刺骨，寒气逼人，衣衫单薄的常乐沿街行乞，一路上冻得直打哆嗦，他实在熬不住了，正好路过一座石桥，就钻到桥洞下避风。桥洞下有一堆刚熄灭的火，还在冒着青烟的灰堆散发出一股热气。常乐喜出望外，把冻僵的双手插进灰堆，身子立刻暖和起来。他高兴得自言自语："满足乎？满足也！常乐我知足者矣！"这时，恰巧一位告老还乡的抚台大人从友人处归来，骑马路过，听桥洞下有人不断吟唱"满足、知足"，心想：我在官场多年，遇到的尔虞我诈、贪得无厌者多也，赞叹满足、知足的人倒是极少，便下马去桥下观看。常乐不知来者身份，见他慈眉善目，衣着华丽，便施礼叩见。抚台问他这么冷的天气，为何在此咏诵"知足"。常乐当即吟诗一首作答——十年寒窗苦读书，名不闻来功不就；家境贫寒无奢求，天寒见灰亦知足！

抚台被他"知足常乐"的精神所感动，便聘他做塾师，教膝下的一对子女读书，常乐自是十分乐意。

光阴似箭，冬去春来，半年多过去了。常乐有了安身立命之所，不愁吃穿，衣袋里也有了银两，生活上也逐渐放纵起来。开始是吃吃喝喝，后来又染上赌嫖的恶习，把赚来的钱花得精光，还背了一身的债。债主上门追讨，抚台大人大怒，写了封信，对常乐说："明天一早，你不要讲课了，把这封信送到去年我们相见的石桥旁，交给一个叫乔尚观的人。"第二天清晨，常乐带着信按时来到石桥旁，等了半天，不见人影。太阳已经升得老高，常乐问了几个路过的人，都说不姓乔，他心中纳闷，心想莫不是抚台大人把时间或地点搞错了。他不由从怀中取出信来，一看"乔尚观"三字，灵机一动，猜到抚台大人是要他到桥上去观此信，便立刻走到桥上，抽出信笺看了起来。信里原来写着一首诗：常乐先生不满足，忘了桥下灰一堆；如今吃喝又嫖赌，乐不知足反生悲！常乐知道这是辞退书，他明白自己是咎由自取，只好垂头丧气地回到自己原来住的那间破房子，继续过着穷困潦倒的生活。

这个故事告诉人们：知足是一种珍惜，珍惜自己生活中来之不易的一切，珍惜自己生命中的一切可贵之物。知足，是一种清醒，也是一种沉淀。庄子讲："鹪鹩巢林，不过一枝；偃鼠饮河，不过满腹。"知足就是摒弃浮华，拒绝诱惑，保持平静，坚守淡泊，化繁为简，悠然自得，在人生旅途中轻装上阵，潇洒前行。因为知足，你才能在坎坷的人生中步伐坚定，从容不迫；因为知足，你才能在曲折的征途中充满自信，昂然前行。

　　幸福的人大都知足。如果你懂得知足，那你就会是个很幸福的人。人生在世仅此一次，不能总是沉醉在永不满足的欲望里。印度有一位哲学家说："不知道满足的人，是多么不幸。"人们不幸的由来，乃在看不见自己的幸运；不满的由来，则是不知道自己早该知足。只有懂得知足的人，才能永远享有幸福。

第六章

逆境中蕴藏着幸福

保持一颗平常心

古话说得好："福兮祸之所伏，祸兮福之所倚！"福与祸总是相伴相生的，没有人一直福星高照，也没有人永远祸事临头。对此，我们应该保持一颗平常心，同时，我们只有平静地去面对人生中的成功与失意，才能在历经世事的酸甜苦辣之后，更能体会到生命之中的快乐。

人这一生，谁也不能避免要遭遇一些挫折与不幸，当我们正处于不幸与挫折之中的时候，首先要做的保持冷静，理性地去看待发生在我们眼前的事情，对待失去的东西多一些坦然之心，并且尽量把事情好的方向想，千万不可急躁不安甚至悲观绝望，那样做只能使事情越变越糟，无异于雪上加霜。真正理解幸福的人，往往也能够理解世事无常，明白"祸兮福之所倚"的道理，凡事多往好处想，所谓坏事的结果不一定总是坏的，很多时候会带给我们一种推开乌云见日出的豁然开朗。

事实上，这些道理谁都懂，但是当自己真的遭遇不幸，很多人都无法冷静面对，他们在绝望中挣扎，结果可能使事情越来越糟。

古罗马流传着一个美丽的传说：一个国王的王妃生下了四胞胎，是四个美丽的公主，她们都非常漂亮优雅。当她们年满 16 岁以后，很多邻国的王子纷纷来提亲，但是她们四个人都没看上，只有一个王子，他是那么的英俊潇洒，四位公主都倾心于他。但是王子不可能同时迎娶四位公主，而且王子心中也只想娶一个妻子，一个能和他相守一生的女人。

　　王子见过四位公主后，送给了四位公主每人一个美丽的发卡，四位公主都非常喜欢，当时便戴在了头上。然而，第二天醒来，大公主却发现自己的发卡不见了，她先是哭泣，而后她偷偷跑到二公主的房间里，偷走了二公主的发卡。二公主一见发卡没了，也很难过，便去偷了三公主的发卡，三公主又去偷了四公主的发卡。四公主起来后四处寻找发卡，却没能找到，心里也很难过，但随后她让侍女找来了一根丝带，用丝带绑上了头发。

　　这个时候，那位王子又来了，他来到国王的面前，对国王说："您有四位女儿，而我只想娶一位王妃，这令我很发愁。但是昨天晚上，我的猎鹰叼回了一个我送给公主的发卡，我想这便是我的缘分，我想迎娶那位丢了发卡的公主！"

　　四位公主就站在旁边，前三位公主心里都说自己丢了发卡，可头上明明带着，只能把话往肚子里咽，只有四公主优雅地走到父王面前，解开了丝带，对王子说："我的发卡早上的时候丢了！"

　　王子看着四公主，看到她的头发在风中飘逸，顿时被她迷住了，就这样，四公主嫁给了英俊的王子……

　　四位公主中，前三位公主在发现自己的发卡没了之后都不能接受，而后拿了身边人的发卡，只有四公主坦然地接受了这一事实，而且积极地面对，不沮丧、不埋怨，结果却因祸得福，与心爱的王子永远在一起了。

　　现实中，当我们遇到无可挽回的事情，当我们没有能力去改变什么的时候，与其急躁不安、抱怨不止，以至于自己乱了阵脚，越做越错，越忙越乱，不如平静地去面对，坦然地去对待，要明白我们不可能掌控这世上的一切，但是我们有能力改变自己对待事情的心态，当我们的心态改变了，对待事物的认识也会改变，那样一来，很多原本让我们觉得痛苦不堪的事，也就变得微不足道了。

人生在世，谁都难免遇到一些所谓的祸事，但祸事不是绝境，"祸"的到来常常伴随着"塞翁失马焉知非福"的结局。因此，我们一定要以一颗平常心去面对生活中挫折，努力将祸转为福，这样一来，生活中的烦恼便少了许多，快乐自然也就回到你身边了。

危难关头能解救我们的只有我们自己，面对各种不可避免的困难与挫折，一定要学会坦然以对，要知道，我们人生时时在变，好与坏只在瞬间，不必太在意，更不必因此而惶恐不安，坦然一些，积极地面对，就会发现每一个绝境背后都是一处"柳暗花明"！

不要轻易对挫折妥协

生活之中难免有挫折与不幸，这些事情不受我们的意志左右，也常常将我们压得喘不过气来。但每个人都该懂得，人生的确随时都有可能遇到挫折，但人生的意义并非在于受难，而是在于历练。

每一个人其实都像一块根基很好的玉，但根基再好的玉若是不经过打磨，也只能是一块石头，价值用比不上那些雕刻精美的玉。生活也是如此，少了挫折的磨砺，我们的人生便不会完整，个人的潜能也不会得到最大程度的激发。相反，如果经历了磨砺，我们的人生便会闪闪发光。

但经历挫折与磨砺的滋味绝不好受，这一点每个人都懂。在生活中，我们都懂得面对挫折要不放弃，但能坚持多久却是个问题。很多人在面对困难的时候，一开始都是信心满满，但随着时间的推移，当他们发现困难并未被克服时，便开始怀疑自己的能力，于是，在与困难的战斗中妥协了。

人生中不会日日都是晴天，难免遭遇风霜雪雨，但我们不能轻易放弃，任何时候都要心存希望，绝不能轻易地对挫折妥协。人在低谷的时候，只要你有一颗向上的心，并且不停地向前走，就一定能走到高处，走出一条光明大道。

一个年轻人想要得到幸福，于是他每天在佛前乞求，终于有一天，他的诚心感动了佛祖，佛祖告诉他，他可以获得幸福，但是必须先完成佛祖的一项任务。年轻人答应了，佛祖而后说，有三个任务任你选择，年轻人问佛祖是什么任务，佛祖说任务的内容暂时不能说，只能先挑选数字，于是年轻人选了一。

刚选择完，年轻人身后的场景一变，他出现在了一个无人岛上，佛祖告诉年轻人，任务一就是走出这个无人岛去海的对面，那里就是幸福的终点。

于是年轻人在岛上转了一圈，发现没有船，他要想出海，必须先造一只小船，而造船需要木材，可是他根本没有斧头用来砍树。总之，他遇到许多问题，但是对幸福的向往让他一一克服困难，两年以后，他造好了一只小船，第一次出海，但没过多久他就又回来了，因为风向不对，于是，他第二次、第三次出海……终于有一次，风向对了，他在大海中划了一个多月，但是当他抬头看的时候，发现前面依旧是一望无际的海，年轻人有些绝望了。又过了几天，他实在熬不住了，他开始往回划行，过了一个多月，他回到了当初的小岛上，就这样，他终其一生都在大海与小岛之间来回划行。

死后，他的灵魂来到佛祖的面前，他对佛祖说，第一个任务太难了，如果要选第二个他肯定能找到幸福。于是，佛祖决定给他再一次机会，话刚说完，他又变成一个年轻人，来到了一个山谷间，佛祖告诉他只要爬出这个深谷就能找到幸福。

于是，他开始不停地爬，但是爬了几年还是没看到山谷的顶端，他开始绝望、抱怨，祈祷佛祖让他去完成第三个任务，这时佛祖出现了，佛祖没有再让年轻人去完成第三个任务，只是对他说："无论什么任务，你都不会完成的！"

他赶忙解释道，"不，我能完成的，只是第一次的海根本没有边际，这次的山谷也没有顶端，所以我才没有完成任务！"

佛祖笑了笑，手一挥，年轻人眼前出现一朵云，在云朵上面，年轻人看到自己在海上划船，身后是那个小岛，他前面的不远处是幸福的彼岸，那段距离远比他从小岛划过来的距离要近得多，但他却没有继续前进，而是回到了小岛，之后的几次出海，他都是这样在马上到达对岸的时候又回去了；接下来是山谷，和出海一样，其实他与幸福的顶端只差一点点，但是他放弃了。

年轻人看着云朵里的景象，不禁懊悔："我真的不知道幸福离我这么近！"

"是你放弃了，在你克服了那么多困难之后，最后你还是向困难妥协了，这就是你得不到幸福的原因！"

很多时候，我们也和那个年轻人一样，在历经了很多磨难之后，在距离成功还有一步之遥的时候，却妥协了，于是之前所做的所有努力，都成了无用功。

在追求幸福的路上，我们或许会遭遇困难，或许会失望，但是一定不能绝望，一定不能对困难妥协。每当我们要绝望的时候，一定要给自己加油打气，想想自己已经付出了那么多，只差一点点，千万不能前功尽弃，只要我们对自己抱有信心，就一定能够克服困难，无论是什么样的困难。

人的一生中，遭遇挫折与逆境这是不可避免的，起起落落更是难以预料，但是有一点一定要牢牢记住——无论何时，永不妥协。当我们遭遇逆境的时候，千万不能绝望沮丧，无论发生什么事情，你都要积极地面对，哪怕你付出了很多努力依旧未能收获结果，但也不要因此而失去信心，说不定再坚持一下，就能够跨过这道坎，到达幸福的彼岸。

困难和逆境是人生中宝贵的财富，它们可以磨炼人的意志、毅力，使人们变得坚强、勇敢，激励人们成长。只要你直面它们，不妥协不害怕，就一定能够跨越它们，并且收获人生对你的馈赠——幸福！

感谢人生之中的逆境

无数的事实证明，一个人只有历经磨难才能够获得幸福，才能够拥有真正充实的人生，才会成为一个成功的人。一个能够吃常人不能吃的苦的人，也势必能够做很多常人做不到的事情，而他也自然能够获得更多的幸福与成功。

人的一生中，时常会遭遇逆境，这是正常的，关键在于我们如何去对待它，如何从中发现幸福的痕迹。当你被绊倒的时候，你首先要做的不是哭泣，而是从摔倒的地方爬起来，拍拍身上的土，然后继续向前走，并在接下来的路上时刻注意脚下，以防被同样的"东西"绊倒两次。

逆境是人生给予我们历练，因为有了逆境的历练，我们的人生经历才会变得更加丰富、厚重，我们的内心也因此变得更加勇敢、坚毅，正应了那句歌词："不经历风雨，怎么能见彩虹，没有人能随随便便成功……"只有经历过人生的逆境，我们方能体会成功的喜悦。

李亚大学毕业后，一直没有找到很好的工作，他只能东打一份工西打一份工，一晃就是两三年过去了。这期间，他积攒了一些钱，然后和朋友一起开了一家工作室，但是生意却不怎么景气，朋友因为承受不住压力而退出了，只剩下李亚一个人强撑着，几年来打拼攒下的钱眼看着就要一分不剩地赔进去，还要背负一大笔负债，李亚感到自己陷入了绝境，几乎要崩溃了。就在这个时候，他无意间看到一则关于可口可乐公司总裁古兹维塔的故事，当古兹维塔只身来到美国时，他的身上只有40美元和一点可口可乐的股票，但是一晃几十年过去了，在古兹维塔的领导下，可口可乐公司的市值增长了30倍，每当人们问起他是如何做到的时候，他总会这么回答："每当我走入绝境，我都会对自己说，还有机会；每当我遭遇人生的逆境，我都会选择接受、感激，并努力走出逆境。人只要抱着必胜的决心，便始终都是成功者！"

李亚看着古兹维塔的话，心里不觉为之一振。"不能绝望，要有信心！"他在心里默念着，这样的念头在那段日子里支撑着李亚继续向前走，他积极地寻找各种方法摆脱危机，渐渐地，他的公司开始走入正常的轨道，四五年后，当李亚的朋友后悔当初未能坚持下去的时候，李亚已经成为了一位事业有成的大老板。

挫折、逆境，这是谁都会遭遇的事情，与其说是一种灾难，不如说是生活给予我们的一种挑战，因此我们应该做的不是抱怨，而是应战，只有敢于应战，才能赢得最终的胜利。

我们应该感谢人生中的逆境，因为逆境的出现激起了我们潜在的奋斗精神，因为奋斗，我们的人生才能摆脱平凡。逆境与顺境，成功与失败，这些本都是可以相互转化的，上一秒是逆境，下一秒很可能就会成为你赢得成功的机会，正如常言所说："失败是成功之母。"人生中若少了逆境的历练，我们恐怕也难以收获成功。

每次挫折，都是一粒珍珠

珍珠是很美丽的，然而它诞生的过程却并不美丽，它原本是在贝壳体内的沙子，这些沙子让贝壳感到难受，甚至导致贝壳生病。贝壳为了治愈自己的疾病，就要清除体内的沙子，这个过程并不容易，甚至是很痛苦的，而当伤痛消失之后，原来的沙子便形成了一粒珍珠，留在了贝壳的体内。珍珠便是上天对它的馈赠，如果不曾经历伤痛，它也不会得到这份美丽的礼物。

同样，在我们的生活中，伤痛与挫折也可能变成我们生命中的明珠。诚然，任何挫折都会打击我们的积极性，令我们感到伤心难过，但换个角度想，因为这些挫折，我们得以变得坚强勇敢，甚至获得新生的力量，这难道不是上天的馈赠吗？

凯莉从小就患有口吃，因此常常遭到周围的人的嘲笑。凯莉上初中的时候，看到电视上的脱口秀主持人，她对自己的妈妈说："妈妈……我……能成……为那样的……人吗？"

她的妈妈无奈地看着她说："放弃吧孩子，我想那份工作不适合你。"

她的妈妈没有支持她，但是她的心中依旧怀着那样的梦想，并且为此不断地练习。她从别人那里听说，嘴里面咬着塞子说话可以帮助人克服口吃的毛病，她便每天不停地练习，虽然她的口吃状况得到了些许改善，但依旧没有彻底克服这个毛病。高中毕业后，凯莉的家人希望凯莉去做操作员，因为那样她就可以避免说话，但是凯莉却执意报考广播大学。她的举动遭到了家人的反对，但她没有放弃，而是一个人踏上了求学之路。

可是一切并非那么顺利，她第一次参加大学的面试就被淘汰了，可是她没有放弃。学校一年会举行四次面试，她连续参加了两年，两年间她拼命地工作，夜里回放电视上的脱口秀节目，抄下主持人的台词，一遍一遍地说，有的时候，一句台词她要说上几十遍甚至几百遍才能说得流利，但是她坚持了下来，就这样不停地练习。终于，在她第 8 次参加面试的时候，她通过了，她成为了广播大学的一名学生，但她所要面对的挑战远不止这些，在进入学校之后，她遭到了一些同学的嘲讽。为了参加学校的演讲比赛，凯莉把一篇演讲稿读了几千遍，当她站在舞台上非常流利地演讲时，你能想象坐在台前的那些嘲讽过她的同学是多么惊讶吗？而当她终于成为一名主持人，出现在电视上时，你能想象她的家人有多么惊讶吗？

后来，有人问及凯莉的过往："你遭遇了那么多的困难，难道没有想过放弃吗？"凯莉是这样回答的："在没有经历过困难前，或者没有经历过那么挫折时，我时常想要放弃。但当我经历的挫折越来越多，我便越来越坚定自己的信念，可以这样说，如果没有了那些挫折，我恐怕不能拥有今天的成绩，因为挫折让我不断地鼓励自己，每战胜一次挫折，都是一次新的开始……"

生活中我们遭遇的任何不幸、挫折与失败，都可以转换成前进的动力。就像凯莉所说的那样，因为挫折，你会越挫越勇；因为患难，你会更加坚定脚步……

当你在生活中遇到挫折时，不要抱怨，而要将其视为上天的馈赠，因为每次挫折都是一颗最宝贵的珍珠！

人可以失败，但决不能被打倒

许多人都惧怕失败，殊不知，失败又何尝不是一种收获？在失败中我们可以获得成功所需的经验，但是如果我们选择逃避，就什么都得不到，只能变成被挫折击垮的人。

爱迪生是个伟大的发明家，然而我们在享受他那些发明的时候，有没有想过他经历了多少次失败？但是每一次失败之后他都选择重新开始，从未中途妥协放弃，最终成为造福后世的伟大发明家。爱迪生的经历告诉我们，对待人生中那些不可避免的失败与挫折，我们应该摆正自己的心态，不要因为被困难打倒而对自己失去信心。"做不成"这样的话从来不会出现在爱迪生的字典里，对爱迪生而言失败也是同样重要的，他曾这样说："失败也是我需要的，它和成功对我一样有价值，只有当我知道一切失败的可能之后，我才能知道做好一件工作的方法是什么。"

失败并不可怕，如果因为害怕失败或者遭遇失败后就马上妥协，被困难打倒，这才是最可怕的。成功常常站在失败的后面，当然，从失败走向成功，在这个过程中你会遇到很多挫折，但如果你坚定决心，不被打倒，越挫越勇，谁能说你不会成功呢？

李凡大学毕业后找了几份工作，但工资都很低，而且工作本身也很无聊，他感到很厌倦，甚至对生活提不起什么兴趣。一天下班后，他看到很多公司的人晚上加班时都会在路边买盒饭，他也买过，发现这些盒饭很难吃，不过人们还是会去买，因为这个地方的饭店很贵，不少人都宁愿少花点钱将就一下。

于是，李凡冒出了一个想法，他辞掉工作，卖起了盒饭。一个堂堂的大学生去卖盒饭，这多少让人觉得有点不可思议，不过李凡却并不这么想，他认为做什么并不重要，关键看你怎么做。

李凡在写字楼附近租了一个13平米的店铺，配备了抽油烟机、炉灶等工具，在门前的玻璃窗上隔开一个小地方，用来展示菜品。

就这样，李凡开始了自己的创业历程。他每天很早起床准备食材，因为他从小就擅长做菜，做出的盒饭味道非常好，而且量很足，所以受到了附近上班族的喜欢。渐渐地，李凡的生意越做越大，13平米的小店铺扩大到50多平米，不出两年，他便在多个写字楼聚集地开了这样的快餐店。他在这片天地里大有作为，在不经意之间推开了成功的大门。

人生中有很多扇门可以通向成功，当我们在第一扇门前受阻的时候，要主动去寻找别的门；当某一扇门前人满为患的时候，试着寻找一扇"冷门"也不失为明智之举。无论你做何种选择，切记不要因为一扇门打不开就放弃去寻找下一扇门的机会。

牛仔裤是经久不衰的流行元素，然而它的出现却是一个偶然。100多年前，美国西部掀起了一股淘金热，很多人都跑到西部去掘金，但是掘金是一件很苦的事，而且很多人费尽千辛万苦也没有什么收获。一天，一个名叫施特劳斯的人正在金矿工作的时候，他的一个工友坐在旁边对他抱怨说："这么多人来掘金，但是真正能发财的人有几个呢？你看看我们现在样子，看看这裤子都破成这样了，也没有时间补，每天就是没完没了地挖矿。也不知道这鬼地方是怎么回事，为什么裤子这么容易破呢？"

施特劳斯听着工友的话，突然一个念头闪过脑海：对啊，这里的工人们的裤子很容易破，如果能找到一种耐磨的布做裤子，一定会大受欢迎的。于是没过多久，第一条牛仔裤就这样诞生了，并从加州迅速推向全美国乃至全世界。施特劳斯也因此由当初的贫困淘金者一跃而成为"牛仔裤大王"。

每个人都该知道，你的潜能是无限的，而激发你的潜能的恰恰是生活之中的挫折和失败。因此，不要害怕挫折，不要因为一两次的失败就垂头丧气、失去信心，如果你能鼓起勇气战胜挫折，你就会爆发出惊人的能量。

任何时候，你都可以坦然地接受失败，但是决不能被打倒，因为失败之后你还有继续为之努力的机会，会离成功更进一步，但被打倒之后，你无异于就此放弃了只有一步之遥的成功！

人生不如意之事十有八九

"人生不如意之事十有八九"，这句话看似老生常谈，但其背后的道理却是深刻的。

我们活在这个世上，都有可能遭遇不幸。有些人遭遇不幸后能够积极地面对，有些人却没有办法从不幸中走出来。其实我们都应该明白，无论发生什么事情，无论自己的内心有多么痛苦，但明天的生活还得继续，这个世界不会因为一个人的失意放慢脚步，每日抱怨、消沉也于事无补，不如打起精神去面对新的生活。

一个人要学会坦然面对不幸，要懂得不幸只不过是人生的考验，只有拥有勇气，不畏惧，才能坚强地面对，才能让自己从不幸中、悲伤中走出来，大胆地跨过这道坎，满怀希望走向明天。

小的时候我们就听过这样的话："天将降大任于斯人也，必先苦其心志，劳其筋骨，饿其体肤，空乏其身……"的确，当你遭遇不幸的时候，其实是上天在垂青你，给你磨炼自我的机会，因为只有那些摔倒之后敢于站起来的人，才能够最终获得成功。当人们询问他们所经历的不幸时，你会发现，他们诉说时表情平静，不会流露出丝毫的悲伤，因为再多不幸对他们来说也只是一种成长的经历，一种成功的过程。

郑亮曾经是一家广告公司的策划师，但正当他准备在这一行业努力工作崭露头角的时候，他却意外地被开除了。他不知道自己被开除的原因是什么，开除他的人事部经理也没有给出明确的答复，只给了他一部分损失金便不再理会他。

郑亮非常生气，他甚至想冲进办公室找经理理论一场。最终他拖着有些疲惫的身体回家，这个时候，他妈妈问他是不是有什么事情，他说："没事儿，现在我终于有时间好好地在家陪陪您了，而且还有一个好消息，就是我终于可以去实现自主创业的目标了。"

接下来的日子里，郑亮积极地调整自己的心态，开始投入接下来的工作中，并且对每件事都抱着锲而不舍的态度，因为他知道他现在唯一要做的事，就是开一间属于自己的创意工作室。

随后，他利用在公司这三年积累下的人际关系和过硬的设计功底，成功为自己赢得了不少客户。随后，他找了两个助手，就这样，三个人的工作室开张了。郑亮认真地对待每一份订单，发奋努力，不出一年，他的工作室在业界就小有名气了，在随后的几年里，他的工作室变成了一家颇具规模的创意公司，而他也实现了自己最初的抱负。

生活中，我们也应该像故事中的郑亮一般坦然面对自己的不幸，把不幸当成一个起点，而不是终点。失业时，你可以把它当作新事业的开始；失恋时，你可以把它当作寻求真爱的开始……面对人生的新起点，你有什么理由不积极进取、发奋努力呢？

我们要想获得幸福，就必须让自己学会正视不幸。实际上，很多时候发生在你身边的不幸并非那么可怕，所谓不幸与挫折很可能就是你通向成功的垫脚石。

很久以前的一天，一只可怜的小毛驴在玩耍的时候不慎掉进了一口深井，它的主人急坏了，找来了邻居，想把小毛驴救出来，但是他们用尽了各种方法也没能将毛驴救出来。听着毛驴哀嚎的声音，主人很不忍心，于是决定和邻居一起把毛驴埋了，以减轻它的痛苦。他们开始将土一点点地铲进井里，说来也奇怪，刚才还不停哀嚎的小毛驴突然安静了，主人和邻居觉得很奇怪，就低下头去看，没想到，毛驴竟然将自己身上的土抖下去，用蹄子踢到一边，然后站在上面。就这样，土越埋越多，毛驴也离井口越来越近了。最后，它竟然安然无恙地从深井里走了出来，在人们惊愕的表情中快步跑开了！

在现实生活中，我们有时正和那只毛驴一样，不慎掉进了生活的"枯井"之中，会被各种各样的压力所"掩埋"。如果你渴望走出"枯井"，你就必须像小毛驴一样努力抖下身上的"沙土"，并将它们踩在脚下，成为你的垫脚石，这样你才能从"枯井"中走出，迎接属于你的成功！

实际上，很多事情是因为你把它当作不幸的事情，它才是不幸的。那些让你难过的、给你打击的、令你失落的事情其实并不能将你打败，真正打败你的是你自己，因为你在面对这一切事情的时候退却了、害怕了，甚至直接就放弃了，所以，与其说不幸让你深陷泥泞之中，不如说是你自己不想站起来。

面对不幸，你要懂得历练自己，练就一颗坚强的心，要知道成功者之所以能够成功，正是因为他们在遭遇一次次不幸之后，依然保持着一颗坚强的心，他们懂得坦然地面对人生，从不会轻易放弃对幸福的追求。

人的一生，若真的事事顺心，可能就无法感受到何谓幸福，只有在经历不幸之后，人才会明白幸福的真正的含义。因此，不幸并没有什么可怕的，反之，它很有可能成为你人生中宝贵的财富。所以，为了更好地追求生命的幸福，请坦然面对不幸吧！

挫折是人生的试金石

人的一生中，经历挫折是不可避免的。在通常情况下，挫折对于我们来说都是一件痛苦的事情，但挫折是无法改变的，与其消极对待，不如换个想法，把挫折当作一种磨炼。因为磨炼，你能发现自身的不足，意识到该朝哪个方向寻找成功；因为磨炼，你会变成一个勇敢、坚强的人。

的确，挫折不仅打不垮一个人，反而可以让一个人得到进步和成长。前段时间东方卫视热播的一档节目——《中国达人秀》中来了这样一个男孩，他没有双臂，当他站在舞台上的时候，在座的嘉宾都觉得很纳闷：这样一个男孩准备表演什么节目呢？男孩笑着对台下的嘉宾说，他准备为大家弹奏一首钢琴曲，用他的双脚。

音乐响起了，男孩坐在高椅上，用双脚有些吃力地弹着，但那琴声很美。一曲结束之后，有人问男孩是怎么想起要学弹钢琴的，因为弹钢琴对于很多健全的人来说都不是一件简单的事。男孩只是笑着说："我很喜欢钢琴，虽然我没有手，但是我还能用脚弹。"当嘉宾问起男孩在学钢琴时是否遇到了很多困难，男孩只是淡然地说："任何人都会遇到困难，只不过他们用手，我用脚，没什么太大的区别。只是，有些时候弹得久了脚会抽筋，但休息一会儿，再练就可以了。"听着男孩的话，在场的很多人都泣不成声，不是因为同情，而是因为感动，他们被这个男孩面对挫折时的坚强所感动，被他直面挫折不屈服的精神所感动，当然，也为他高兴，因为他战胜了挫折，成就了自己的辉煌。

不要以为失去双臂的人就不能弹奏出优美的旋律，事实上，身处泥泞中的人往往能够发挥出超人的潜能。因此，当你遭遇挫折、身处逆境的时候，不必感到恐慌或者消极面对，相反，你应当积极地去迎接生活带给你的挑战，不要因为暂时的挫折而一蹶不振。要知道真正的强者，善于从逆境中找到光亮，确定了目标就决不放弃。俗话说得好，"人生不如意之事十有八九"，不要把那些挫折看成是阻挡你前进的拦路虎，相反，挫折有时是一种人生的机遇，更是人生的试金石。

其实，人的一生就是一个面对挫折、克服挫折的过程，我们从这些挫折之中得到历练，收获经验，锻炼我们的能力，因为生活中的挫折，我们得以不断地成长。

生活中最可怕的事情绝不是挫折，而是不敢直面挫折、一遇到挫折就不战而败的心理。在挫折面前，我们要做的不是抱怨或逃避，而是乐观地面对，因为无数的实例证明，挫折不会真的打垮一个强者，它会让强者愈发强大，关键在于你选择何种心态面对它。

《阿甘传奇》这部电影，带给了无数人感动与激励。看上去有些傻的阿甘，怀抱着一份执着于人生、勇敢面对挫折的决心，即便医生说他活不过 18 岁，即便人们都认为他毫无前途，他依然能创造出辉煌精彩的人生。

阿甘的故事告诉我们，不该因为遇到了些挫折就抱怨人生，甚至自暴自弃，放弃人生的希望。相反，我们要把生活中每一个挫折当成一次难得历练的机会，不断地充实自己的人生，磨炼自己的意志。如果说我们都是埋在沙土里未被发现的金子，那么，挫折就是能够让我们发光的试金石。

面对失败，选择坚强

生活中总有这样一群人，他们渴望成功，却不愿意承受失败，甚至是害怕失败。然而，那些已经有所成就的人知道，想要成功，是离不开失败的，而害怕失败或者说输不起的人，是不可能成功的。

每个人的人生都不可能一帆风顺，总有些事情会让人烦恼，有些时候，即便是我们事先做了很多准备，也依旧难免遭遇失败。而失败之后，我们应该做的绝不是抱怨、一蹶不振，而是反思自己失败的原因，寻找再次成功的机会，继续向前走。

是的，挫折谁能会遇到，失败也是家常便饭，但生活还是要继续，梦想还是需要去实现，我们能做的不是消极甚至自暴自弃，而是给自己加满油，朝着梦想和目标继续前进，勇敢地走出失败。诚然，失败总会带给人失落的感觉，走出失败需要决心和勇气，而选择一条正确的路朝着目标继续前进，更需要智慧。面对失败和挫折，真正的强者往往能很坦然，对待失败从不逃避，也不悲观，因为在他们眼里，失败和挫折并不可怕，相反它也许是一个新的开始

厚积薄发的力量可以让一个人趋于完善，而失败恰恰能带给人这种力量。一个人经历了失败，这并不是可耻的事情，相反，这是一个很好的学习和充实自己的机会。在这种机会中你能学会如何冷静地思考问题，毅力也会变得更强，经验会随之增加，处理事情的时候也会少些青涩，多些成熟。

意大利知名服装设计师克利斯在开设以其名字命名的手工艺设计专卖店之前，设计了超过 500 件成品衣服，每一次他把这些设计图和成品衣服拿给那些大公司的设计总监看的时候，都被打了回来，但是每一次克利斯都没有放弃，而是耐心地询问那些设计总监拒绝的理由，然后一次次地改进，当 501 件作品出来之后，获得了很多人的好评。得到肯定后，克利斯设计出了一系列作品，受到很多意大利人的喜爱，而后，他开了一间以自己名字命名的服装设计专卖店，售卖自己设计的作品。目前，他的一件成品衣服大概售价在 500 美金以上，他每年还会参加巴黎及美国时装周，每一次他的作品都备受观众期待。

成功是属于那些勇于战胜失败的人的，想要成功就要做好直面失败并战胜失败的决心，因为没有人能够随随便便成功。

现实生活中，失败是再普通不过的一件事，这就像去学滑雪一样，一开始你可能抱着很快便能驰骋雪地的愿望，但当你开始练习的时候，你不难发现，少了那无数次的跌倒再站起来的过程，你一辈子也不能实现驰骋雪地的愿望，而在这期间，一旦你害怕摔倒，不再站起来，你就彻底地失败了。相反，你若一直坚持下去，总有一天你会在雪地上自由地驰骋。

没错，没有人愿意面对失败，但失败却是无法避免的，聪明的人懂得正视失败，把失败当作人生中的一种体验，勇敢地跨过失败，走向成功。

不要害怕失败，不要怀疑自己做不到，坚强和勇敢不是与生俱来的，而是后天磨炼出来的，而磨炼这种坚强和勇敢的也正是那些来自生活中的失败，这是一个良性循环的过程。因为失败，你变得坚强勇敢；而因为坚强勇敢，你能够更坦然地面对人生中的失败，向着成功之路更坚定地走下去。

每个人都该坚强地活着，不要让自己成为随风摇摆的小草，而是让自己成为傲视严寒的松柏。生活之中不如意之事数不胜数，想要做一个幸福的人，就必须要学会坚强勇敢地面对那些不幸，为了幸福昂首阔步。

做一个勇敢、坚强的人吧，无论你觉得当下人生多么不幸或者多么坎坷，都不要放弃，不要害怕。不要因为害怕无法得到想要的结果而放弃整个实践的过程，成功不是目的，一路走来的努力和成长往往比成功这个结果更加重要。更不要担心失败，不要因为数次之后的失败而放弃你的目标，要学会正视失败，选择坚强地面对人生，这样你才能勇往直前。

身处绝境，也要心怀希望

人生有快乐，也有苦闷；有喜悦，也有忧伤。当你对世界充满期待时，现实却常常让你失望，让你消沉，甚至让你绝望。面对现实和理想的矛盾，我们该如何解决？

唐代"诗圣"李白，才高八斗却在仕途上屡屡失意。在他人生最困顿的时候，他写下了千古名篇《行路难》，里面有一句脍炙人口的名句："长风破浪会有时，直挂云帆济沧海。"这句诗体现了诗人相信未来，誓为理想而奋争的雄心壮志。而一位笔名叫食指的诗人，也曾用同样的信念与激情写下了名篇《相信未来》。

在上个世纪 60 年代的中后期，"文化大革命"爆发并席卷全国，疯狂的时代令食指陷入了极度的迷惘和失望之中，现实环境的严酷和内心理想的剧烈冲突，使他有撕心裂肺之痛。但年轻的生命力和执着的热情，又让诗人挣扎着想摆脱现实的羁绊，憧憬美好的未来。在那段时间里，诗人写下了许多坚毅感人的诗歌，其中，1968 年所写的《相信未来》可谓其代表作。这首诗在阴云密布的时代，给人们心灵上投下了一道希望之光。

下面，让我们来感悟一下这首诗中坚定的信念——

相信未来

当蜘蛛网无情地查封了我的炉台

当灰烬的余烟叹息着贫困的悲哀

我依然固执地铺平失望的灰烬

用美丽的雪花写下：相信未来

当我的紫葡萄化为深秋的露水

当我的鲜花依偎在别人的情怀

我依然固执地用凝霜的枯藤

在凄凉的大地上写下：相信未来

我要用手指点住那涌向天边的排浪

我要用手掌托住那升起太阳的大海

摇曳着的曙光照亮那支温暖的笔杆

让我用孩子般的笔体写下：相信未来

我之所以坚定地相信未来

是我相信未来人们的眼睛

她有拨开历史风尘的睫毛

她有看透岁月篇章的瞳孔

不管人们对于我们腐烂的皮肉

那些迷途的惆怅、失败的苦痛

是寄予感动的热泪、深切的同情

还是给以轻蔑的微笑、辛辣的嘲讽

我坚信人们对于我们的脊骨

那无数次的探索、迷途、失败和成功

一定会给予热情、客观、公正的评定

是的，我焦急地等待着他们的评定

朋友，坚定地相信未来吧

相信不屈不挠的努力

相信战胜死亡的年轻

相信未来、热爱生命

关于这首诗，食指曾经说："'文革'前我就'挨整'，我已经看到这代人的命运了。鱼儿跳出水面，落在冰块上，它的前途是死，和这个冰块一起消亡。但请相信我们会战胜死亡，这已经进了一步了。我年轻，我能看到冰块消亡的那一天。"

即使身处看不到明天的绝境，也不要丧失对未来的希望。即使"蜘蛛网无情地查封了我的炉台",即使"灰烬的余烟叹息着贫困悲哀",我们依然可以用"美丽的雪花"、用"孩子的笔体"写下"相信未来"。

人一旦相信未来,就会在一个更为宽广的时间尺度里审视每一个苦难。纵是今日看似山一样沉重的"绝望",在时间的长河里,终归会成为一粒沙尘。有了这样的觉悟和境界,我们的思想就不至于走进死胡同,心灵也不至于被悲哀囚禁。

第七章

幸福有时候是一种给予

幸福是不断分享的过程

有人说幸福是自己的，所以不必与人分享，说这话的人多半还没懂得何谓真正的幸福，其实幸福应该是一种不断分享的过程，一个人感受幸福，那么幸福是一分的，如果十个人感受幸福，幸福便是十分的。

不愿与人分享幸福的人多半是出于自私，害怕好不容易得到的幸福会被别人分走。其实这种想法是错误的，幸福不会因为分享而变少，相反，它会因为分享的人多而变多。

有人曾说过，物质上的东西，比如一瓶水，你与人分享，你可能只剩下半瓶水，但思想却不同，你与人分享你的想法，会得到这个人中肯的意见，你可能因此而收获更多的想法。分享的幸福就在这里，它可以使我们获得更多的东西，而当我们把自己的东西与别人分享时，不仅能体会到分享的乐趣，还能得到一种满足感。

8岁的乐乐来到外婆家度暑假，外婆家在郊区的一个村子里。来到外婆家的第一天，乐乐就被外婆家满院子的兰花迷住了，他每天都坐在院子里写作业，就连吃饭也要在院子里。他对外婆说，他喜欢满院子的兰花，香喷喷的。

一天，住在巷尾的李大妈来到乐乐的外婆家，给乐乐的外婆送自家做的米饼，她临走的时候看到院子的兰花，非常喜欢，外婆还给了她几株。随后的一段时间里，总有人来外婆家里带几株兰花走。

就在乐乐要离开外婆家的时候，他看到院子里只剩下几株兰花了，很难过，便问外婆，为什么要把兰花送给别人，这样他下次再来的时候，就再也闻不到兰花的香味了。

外婆却笑着说："好东西当然要和别人分享啦，你想想上次吃的米饼，那不也是巷尾的奶奶送来的吗？再说，我把兰花送给他们，等你来年再来的时候，满村子都会是兰花的香气，无论你走到村子的哪里都能闻到，那不是更好吗？"

乐乐听着外婆的话，立刻转悲为喜，边走边喊道："哦，太好了！明年来的时候满村子都是香味喽！"

从这个故事中我们不难看出这样一个道理：幸福是与人分享之后的快乐。要想让自己心中的幸福越来越多，就要学会与人分享，当别人脸上洋溢起微笑的时候，那份快乐同样也属于你，要知道，幸福就是不断分享的过程！

有付出才有回报

很多人不愿意付出，是因为害怕无法得到回报，而让自己的努力和心血白费。其实，这完全是错误的理解。付出不但不会让我们有所损失，相反，我们付出的越多，给予的越多，所能获得的回报也就越多，也越接近幸福。

在这个世界上，你肯定找不出一位乐善好施却不受欢迎的人，也肯定不会认为一个吝啬、刻薄、自私的人会成为众人爱戴的人。

生活中，我们要努力去做一个乐善好施的人，不要吝啬付出，而应该多去给予，因为回报总在付出之后，只有你先付出了，才能获得回报。

有一个人原本是做销售的，后来成立了自己的香氛公司。但是公司成立之初，并未引起热烈的市场反响，因为很多人不了解他公司的产品。于是，他想到了一个办法，就是雇用很多人带着公司的试用装及赠品小样，到市场上免费让人试用。

这个计划刚推出，就受到了很多人的质疑：这样的营销活动需要多少钱啊，对于他这样一个尚无切实盈利的公司而言，难道不是雪上加霜吗？但是他却有另一套想法，他明白回报总在付出之后。就这样，他开始了自己的计划，渐渐地，认识他品牌的人越来越多，人们在试用之后都感觉很不错，于是越来越多的人前来购买，他的品牌很快在美国打响了，他的公司成为当时美国第一大香氛公司，而他就是"雅芳之父"大卫·麦可尼。

不可否认，大卫·麦可尼的成功离不开他先前的付出，没有那样的付出，便不会让人熟知雅芳的品牌，也不会让大家承认雅芳，更不会有今日雅芳的辉煌成就。

生活中，我们每个人都该了解，付出不是一种牺牲，因为付出并不是"覆水难收"。相反，这是一个让种子发芽的过程，今日你投了什么样的种子，他日你就能有什么样的收获。而且，不可否认的是，一粒种子有时能长成一片森林。

李先生去度假，来到目的地，一个朋友去接他，并且说帮他安排好了酒店，但李先生却拒绝了朋友预定的酒店，而是选择了另一家。

到了酒店安顿好之后，李先生的朋友问他："你喜欢这家酒店？"

"我从未住过！"李先生说。

"那你怎么知道它好呢？还不如住我预定的，至少我去过很多次！"

"两年前我在网站上无意间注册了这家连锁酒店的会员，不过从来没有入住过。但这两年间我在生日时都会受到这个酒店寄来的生日卡片和小礼物，很细心很周到，所以我就想如果有机会一定要来这家酒店看看，我想一个服务会员那么周到的酒店，应该不会差到哪里去！"李先生解释道。

不可否认，赠送生日礼物和卡片是酒店拉拢顾客的手段，但另一方面，我们也看到了酒店经营者的聪明之处，他们懂得先为客户付出，也就留住了顾客的心。

生活的真谛在于付出，并非索取。诚然，付出总与风险相伴，但更多时候你会获得远比付出多很多的回报。与此同时，最重要的一点是，付出的同时你会收获快乐与内心的平静，这是金钱无法买到的，获取的途径仅此而已！

所有人都有得到关爱的权利

"爱心能点亮这个世界！"这样的口号我们随处可见。生活中，越来越多的人投入到了献爱心的活动中来，为遭遇可怕灾难的人献爱心，为无家可归的孤儿献爱心，为流浪小狗献爱心……我们把爱心献给了这个世界上与我们共存的很多人和事物上，但有些时候，我们却对一些人很吝啬爱心，那就是"曾经犯过错误的人"。

因为这些人曾经犯过错误，因而很多人对他们更多的是歧视，而很少有人会去向他们奉献爱心。的确，他们曾经犯下了这样或那样的错误，可是人谁无错呢？如果他们已经改正了自己的错误，那不是善莫大焉吗？对于这样的人，我们不该奉献一份爱心，不该多一些宽容吗？

李学明是一个退休的老刑警，他在退休之前抓过无数的犯人，也亲眼目睹了很多犯人出狱后在社会中遭遇的种种排斥，因为得不到社会的宽容与关爱，有些人再一次走上了犯罪道路。如果说第一次的犯罪是他们自甘堕落，那么再一次的犯错，多少与社会中的我们有些关系。为了避免出狱后的人遭受歧视而再次犯罪，李学明退休后开办了一个中介，专门为刑满获释人员介绍安排工作，并且为他们提供担保，甚至做他们的知心朋友，并用自己微薄的退休金资助其中的一些人。

在李学明资助的人里，有一个男孩叫大刚，五年前因为入室抢劫入狱，是李学明亲自送他进了监狱，那个时候他才 18 岁。在监狱的五年间，大刚对自己曾经做过的事情感到很后悔，甚至有了轻生的念头，李学明知道后，经常去监狱里看望大刚，还不时地鼓励他。大刚上学的时候对英文很感兴趣，李学明就自费买了很多英文学习资料和书籍，拿到监狱里给他，并且告诉他，无论在哪里，只要一心向好、积极努力，都能获得新生。他很感激李学明，在监狱的五年里，他学完了英文专业 8 级的内容。

出狱后，大刚找到了一份翻译的工作，虽然没有学历，但他说得一口流利的英文，公司便雇用了他。但当他把自己的档案拿给公司一看，公司看到他有过犯罪历史，便马上找各种理由拒绝让他上班，他一连找了几个工作都是这样，人们一旦得知他是个犯过罪的人，脸色马上就会变，这让他感到非常难受。

一直很关注大刚的李学明主动联系上了他，并且帮助他找到了一份工作。那家用人单位起初不愿意用大刚，但李学明用自己的人格担保："这个男孩绝对是个好孩子，人谁无错，他以前确实犯过错，但现在已经改邪归正了。你要用的是现在的他，他过去犯的错误何必计较。"用人单位的经理一听到李学明这么说，便半信半疑地答应了。就这样，大刚开始了自己的第一份工作，因为觉得工作机会得来不容易，所以他工作起来格外卖力认真，很快便消除了那位经理的疑虑。如今大刚已经成为了那家公司的中流砥柱，这位经理回忆起当初的事情，还常常很感慨地对李学明说："李伯伯，当初要不是你那番话，大刚也不会进我们公司，我们便会因此少了一个人才啊！看来，有些时候是我们眼光太短浅，只看到一个人的过去，而不愿去看他现在，缺少了包容与爱心！"

要想让这个世界更加美好、让我们的身边充满爱与幸福，就需要每一个人的付出。尤其是对那些曾经"失足犯错"的人而言，他们可以成为社会的积极分子，也可能再次成为社会的破坏分子，如果我们能够对他们多一些宽容，再多一些理解与爱心的付出，他们就更有可能变得积极向上，不是吗？

助人即助己

生活中的人际关系就像是播种一样，撒下的种子越多，你收获的也越多。换言之，你帮助了别人，别人也会在你需要帮助的时候帮助你。每一个有所成就的人，在成功的道路上，都曾经得到过别人的许多帮助。所以做人不能太自私，不能心中只有自己，应该去帮助别人，同时也从别人那里获得有益的帮助。

石海是一家广告公司的设计，不过不幸的是，他今天被解雇了。他给他最好的朋友打了电话，告诉了他这个消息。他的朋友过来找他，见到他的第一句话就是："你终于摆脱了束缚，现在你可以尽情地画自己想画的插画和漫画了，要知道那才是你的梦想。"

石海听着朋友的话，苦笑道："是啊，可是我这个月的房租和生活费还没着落呢。"

"没关系，先搬去我家住吧，我多么希望能够和一个插画师住在一起，我知道你一定能够成为一个非常有名的人，所以，在你成名之前，我会帮你，当然你要记得还，哈哈。"朋友开玩笑说。

就这样，石海搬去了朋友的家里，开始画自己的插画，随后开始给一些杂志投递，结果大受好评，他也因此得到了不少的稿费。后来，他还参加了国际大赛，并且获得了一等奖，他除了获得了高额的奖金之外，也获得了一份非常棒的工作。而此时，他也没有忘记一直帮助他的好朋友，当朋友准备买车却因差几万块钱而考虑分期的时候，石海很大方地补齐了剩余的车款，并告诉他的朋友，这就当礼物了。

由此我们可以看到这样一个道理：帮助别人成功，也是实现自我成功的过程。每个人都能在某些方面帮助别人，而一个愿意为他人付出时间和心力的人，才能成为一个真正成功的人。

我们生活在这个世界上，朋友是我们最大的资源与财富，而维系友情就要靠互相帮助。假如你想要自己获取成功，你就必须主动去帮助别人，进而得到别人的帮助，因为你的成功离不开你身边的人。

晓峰自幼很爱唱歌，而且在这方面似乎很有天分。大学毕业后，晓峰因为一个偶然的机会，参加了一档电视节目，随即，他磁性的嗓音和帅气阳光的外表就深深吸引了很多观众，他就这样开始了自己的歌唱生涯。他先是到每个酒吧跑场，因为他上过电视，也有自己的特色，所以收入也不错，渐渐地，他凭借着自己的实力在酒吧街越唱越好，还吸引了很多制作人前来听他唱歌，现在他已经与一家很大的唱片公司签约了。但签约后，他却并没有如愿以偿地出唱片，因为公司觉得他名气很小，需要包装，但他自己又拿不出来包装的费用，公司便让他耐心地等待，眼看着一年的合约就要到期，他不知道自己还要等到什么时候。此时，因为一次偶然的机会，他认识了石岚。石岚曾经在国外一家很大的公关公司工作过很多年，她不仅熟知公关业务，而且也有较好的人缘。几个月前，她自己开办了一家公关公司，并希望最终能够打入市场前景较好的娱乐行业。但到目前为止，因为公司规模不大，很多有名气的艺人都不愿意和她合作，她进军娱乐业的计划一直未能实现。

石岚与晓峰相识之后，两人一拍即合，开始合作。晓峰在合约期满后变成了石岚公司的艺人，石岚非常欣赏晓峰的歌声及创作才能，他们的合作非常默契。晓峰是一名好歌手，虽然名气不大但潜力很大，石岚便请一些较有影响力的报纸和杂志加强对他的宣传。很快，晓峰的专辑便出炉了，而且销量非常高，他们不仅赚了很多钱，各种各样的广告代言也纷纷来找石岚，那些曾经拒绝与石岚合作的明星们也纷纷电话联系石岚。

通过石岚和晓峰的故事，聪明的你一定要不难看出这样一种格局：晓峰需要求助于石岚，获得为自己宣传的费用与人脉关系；而石岚为了让她的公司在娱乐业打开局面，就必须找到一个有潜质的人包装。这样一来，他们互相满足了对方的需要，达成了共识，也最终一起迈向了成功。

每个人都希望能够尽快实现自己的人生目标，但是光靠自己的意志和努力还不够，还需要借助身边人的帮助，如果你不懂得去帮助别人，就很难得到别人的帮助。因此，渴望成功的你，一定要记得"助人即助己"的道理。

"雪中送炭"最可贵

当朋友遭遇厄运、身处逆境的时候，是朋友真正需要你帮助的时候，也是见你真心、考验你的时候。如果这时你能在患难中伸出援手，哪怕只是一句温馨的安慰，对方也会铭记于心，等到将来你有需要时，他也会像及时雨一样来到你的身边，助你一臂之力。

　　朋友之间，互相帮助，理所当然。尤其是当朋友深陷绝境之时，我们应该伸出援助的手，千万不能"见死不救"，更不能落井下石，而应"雪中送炭"，尽自己的力量，帮助朋友渡过难关。

　　任何人都希望自己的人生能一帆风顺，但这只是人们美好的愿望。在实际生活中，每个人都会遇到麻烦，这时候就需要别人的帮助。一个有爱心的人，往往会在此刻向他人伸出援助之手，在别人最困难的时候雪中送炭，这样别人就会感激你一辈子，等到你需要帮助时，他一定会鼎力相助的。

　　某位女士曾这样说："我有一位朋友，每次我需要帮助的时候，他一定出现。例如，我有急事需要用车或者生病时急需用钱，只要我打个电话，他一定会帮我，可以说每求必应。每次想到这个朋友，我的心中就觉得特别的踏实和温暖。而他如果遇到什么事，我当然也会像办自己的事一样尽心尽力去帮助他。"

　　生活的道理就是这么简单：如果你在别人最艰难的时候帮扶一把，那么，你会得到这个人的感激，当你陷入困境时，他也会转过来对你倾力相助。

　　人们都说患难见真情，在别人处于困境时，你为他所做的一点一滴都显得格外珍贵。危难中的滴水之恩远胜过飞黄腾达时的千金之赠，因为身处逆境时是人的内心最脆弱的时候，也是人最需要关怀和帮助的时候。这时，哪怕只是简单的一句安慰，也能让人感动不已，永生难忘。

　　因此，我们在帮助他人时，一定要真诚，一定要发自内心地为他人好，这样才能让他们打消顾虑，充满感激地接受你的关心和帮助。人生在世不可能一帆风顺，总会有许许多多的艰难与困苦。当你遇到艰难险阻时，你一定特别感激帮助你架桥搭梯的人，而在别人危难的时候，如果你能够雪中送炭，真心地帮助他人，那么对方一定会把你当作真正的朋友。

分享是一种美德

生活中，你是一个乐于与人分享的人吗？如果是，那么很好，请你一直坚持下去，因为这将会是你社交道路上最大的助力。为什么这么说呢？试问当你身边朋友或同事将好东西与你分享的时候，你是什么感受呢？肯定会感觉自己很受重视，觉得对方很看重你，心里很高兴，有了好东西也愿意和对方分享，当对方有困难的时候，你也一定要会鼎力相助的。

同样的道理，当你拿好东西与对方分享的时候，对方也是这样的感受，这样一来，通过分享，你们增进了彼此之间的感情与联系，当你有困难的时候，对方自然也会鼎力相助。

事实上，分享不仅是一种增进彼此感情的社交手段，更是一种美德，要知道，当你能够将自己认为很好的东西与人分享时，就说明你是一个慷慨、有爱心的人，你会向着幸福一步步迈进。

爱德华是一家广告公司的业务员，平日里他工作认真，深受老板的喜欢。在一个根据业绩决定薪水的公司，很多同事都把自己手头上的客户资源看得紧紧的，绝不会和他人分享，但只有爱德华不这样做，当他觉得自己的工作已经饱和时，就会主动将自己手头上的客户资源分给身边的同事。有一次，一个和他关系要好的同事问他："你总是把自己的客户资源给别人，你自己就会少挣钱，你知道吗？"

爱德华笑着说："可是我目前没有精力为那些客户服务，与其让客户白白流失，不如介绍给其他同事，而且我每次把客户介绍给同事之前，都会给客户们打一声招呼，告诉他们现在由自己的同事接手，这样既不失礼，也能维护客户关系，还可以拉进同事之间的关系，难道不好吗？"

那个同事听着，先是点点头，然后又说："可是即使你愿意把自己的资源和别人分享，他们也不见得会和你分享。"

"我只是愿意分享，并没有在等他们给我回报啊。"爱德华说。

半年后，爱德华的一个同事因为个人原因辞职了，临走的时候，他私下里找到了爱德华，将自己积累下来的客户资源全部都交给了爱德华，说："之前你一直对我特别好，现在我要走了，我把我的客户资源都留给你，你肯定用得着。"

爱德华看盛情难却就收下了，而在随后的半年里，这些客户资源帮助爱德华拿下了很多大订单，年底他便被晋升为主管。

我们一定要学会与人分享，并且乐于与人分享，因为分享是一种美德，分享所带给你的远比你付出的多，它会成为你寻找幸福之路上最好的助力，帮助你更顺利地迈向成功。

给予是一种幸福

人类有一个共同的特点，就是渴望被人关心，被人欣赏。如果你愿意多关心别人，把满足和幸福带给别人，别人同样也会关心你。但是有些人总以为只有从生活中索取，只有自己心满意足了才能使自己幸福快乐，其实不然。每个人都应该明白一个道理，那就是给予比接受更令人幸福快乐。

有这样一个故事，故事的主人公虽说是个小孩，但他的言行却令成年人深思。

圣诞节的前一天，保罗从他的办公室出来时，看到街上一个小男孩在他闪亮的新车旁走来走去，并不时地触摸它，脸上满是羡慕的神情。

保罗饶有兴趣地看着这个小男孩，从他的衣着来看，他的家庭显然并不富裕。就在这时，小男孩抬起头，问道："先生，这是您的车吗？"

保罗说："是啊，这是我哥哥给我的圣诞礼物。"小男孩睁大了眼睛问："你是说，这是你哥哥给你的，而你不用花一美元？"

保罗点点头。小男孩说："哇！我希望……"保罗认为小男孩也希望有一个这样的哥哥。但小男孩说出的却是："我希望自己也能当这样的哥哥。"

保罗深受感动地看着这个小男孩，问道："要不要坐我的新车去兜风？"小男孩惊喜万分地答应了。逛了一会儿之后，小男孩转身对保罗说："先生，能不能麻烦您把车开到我家前面？"

保罗微微一笑，他理解小男孩的想法：坐一辆大而漂亮的车子回家，在小朋友面前是很神气的事。但他又想错了。小男孩说："麻烦您停在台阶那里，等我一下好吗？"之后，他便跳下车，三步两步跑上台阶，进入屋内。不一会儿他出来了，并带着一个显然是他弟弟的小孩，他的弟弟因患小儿麻痹症而跛着一只脚。他把弟弟安置在下边的台阶上坐下，然后指着保罗的车子对弟弟说："看见了吗？这部车子就像我在楼上跟你讲的一样，很漂亮对不对？这是他哥哥送给他的圣诞礼物，他不用花一美元。将来有一天，我也要送你一部这样的车子，这样，你就可以看到我一直跟你讲的橱窗里那些好看的圣诞礼物了。"

保罗的眼睛湿润了，他走下车子，将小弟弟抱到前排座位上，他的哥哥眼里闪着喜悦的光芒，也爬了上来。于是三个人开始了一次令人难忘的假日之旅。

在这个圣诞节，保罗明白了一个道理：为自己而活并不幸福，为他人着想、为他人付出才是真正的满足和幸福。

在我们的日常生活中，很多事情往往也是这样，当你为别人着想，为别人付出，给予别人关爱和满足的时候，无论这种付出能否得到回报，你都会从心底里感到欣慰和幸福。

有句话说，能让自己快乐的人是聪明智慧的人，能让别人快乐的人则是幸福而伟大的人。一个只为自己而活的人，很难获得别人的关心和帮助，更无法感受人间温暖的真情。一个人若能拥有热情、拥有善良、拥有同情，懂得分享和付出，就会是最富有的，也是最幸福快乐的。

从前，有一个男子坐在一堆金子上，伸出双手，向每一个过路人乞讨。

吕洞宾走了过来，男子向他伸出双手。吕洞宾问："你已经拥有了那么多金子，难道还要乞讨吗？"

男子说："唉！虽然我拥有如此多的金子，但是我仍然不满足，我乞求更多的东西，我还乞求爱情、荣誉、成功。"吕洞宾从口袋里掏出他需要的爱情、荣誉和成功，送给了他。

一个月之后，吕洞宾又从这里经过，发现那名男子仍然坐在一堆金子上，向路人伸着双手。吕洞宾问："你所乞求的都已经有了，难道你还不满足吗？"男子说："唉！虽然我得到了那么多东西，但是我还是不满足，我还需要快乐和刺激。"吕洞宾把快乐和刺激也给了他。

一个月后，吕洞宾又从这里路过，见那名男子仍然坐在那堆金子上，向路人伸着双手——尽管有爱情、荣誉、成功、快乐和刺激陪伴着他。吕洞宾问："你已经拥有了你希望拥有的，难道你还乞求什么吗？"男子说："唉！尽管我已经拥有了这么多东西，但是我仍然不能满足。老人家，请您把满足赐给我吧！"吕洞宾笑道："你需要满足吗？那就请你从现在开始学着付出吧。"

一个月后，吕洞宾从此地经过，只见这个男子站在路边，他身边的金子已经所剩无几了，他正把它们施舍给路人。他把金子给了衣食无着的穷人，把爱情给了需要爱的人，把荣誉和成功给了失败者，把快乐给了忧愁的人，把刺激给了麻木不仁的人。现在，他一无所有了。看着人们接过他施舍的东西，满怀感激而去，男子笑了。

吕洞宾问："现在你感到满足了吗？""满足了，满足了！"男子笑着说，"原来，满足是藏在付出之中啊！当我一味地乞求时，我得到了这个，又想得到那个，永远在为自己而活，永远不知道什么叫满足。而当我为别人付出时，我便从心底感到快乐和幸福。"

这个故事告诉我们这样一个道理：一个不愿付出关爱、不肯与人分享的人，即便真的得到很多，也不会幸福。所以说，为自己而活并不幸福，与他人分享，给他人满足，给他人快乐，才能让我们真正拥有友情和信任，拥有人生最长久的幸福。

第八章

吃亏是福，退一步海阔天空

吃亏也是一种幸福

人们常说"吃亏是福"，吃亏是一种面对人生的豁达态度，因为豁达，所以不容易被生活中的小烦恼所打扰，总能看得见幸福。

然而，在现实生活中，很多人生怕吃亏，遇事总是斤斤计较，坚决捍卫自己的"利益"。但无数的实例证明，这样的人往往目光过于短浅，只看到眼前的利益，而没有看到长远的收益。

吃亏是福，意味着吃亏的背后总是有福报相依。但很多时候，人们只看到了吃亏和占便宜的表象，却未深入挖掘其本质。事实上，很多时候表面的吃亏背后隐藏着无数的好处；而表面的便宜背后常常处处是陷阱，最后会令你吃大亏。

有这样一个人，他大学毕业后开发了一个很有趣的软件，他把这个软件分别提交给几家公司，几家公司也纷纷给出了回应，其中一家公司是业内最有名的企业，但给他开出的购买价格最少，只有 2000 元，而另一家公司虽然在业内没有什么知名度，但是却愿意出 3 万元购买他的专利。当时，他身边的很多人都劝他卖给价高的公司，这样他就有了自己工作室的启动资金，但是令人诧异的是，他卖给了出价最少的那家公司。很多人不理解他的行为，都说他的软件做得很好，卖得这么便宜是吃了大亏，那家大公司就是依仗着自己规模大故意杀价的，但是他却并不这么认为，相反，他比拿到那 3 万块钱还高兴。

一年的时间过去了，这期间年轻人又做出了两款软件，但是他一直没有出售，而是靠着在一家小公司上班维持生活。突然有一天，他的一个朋友拿着一个光盘来找他，说他的软件上市了，现在每张光盘就卖 100 多块钱。当然，这位朋友还不忘再说一遍他吃亏了，但他只是微笑着说："我不但没吃亏，反而捡到了宝。"说完，年轻人给很多公司发去了他新设计的软件，与上次不同，这次回应的公司更多了，而且价格也不再是当初的几万块钱。年轻人选择了一家不错的公司卖掉了两个软件，并且进入该公司担任软件开发主管，当人们再次询问他是如何得知自己没吃亏的时候，他是这样说的："虽然那家公司给的钱很少，但其实力有目共睹，只要他们将我的软件上市，我就能得到比之前损失的 28000 元更多的回报；反之，如果我把软件卖给了出价 3 万的公司，那么我得到的便只有那些钱，你觉得哪个亏？"

由此可见，"吃亏是福"并不是一种自我安慰，而是一种变通处事的态度，一种长远的眼光。我们要学会积极地调整自己的心态，坦然地面对吃亏这件事，只有这样，我们才能让自己变得更豁达、更快乐。

风物长宜放眼量

月有阴晴圆缺，人有悲欢离合，这是不可能改变的事情，也是人间万象的规律，因此，我们对于人生中的悲欢得失不必太过计较，因为，很多时候，所谓"失"也是另一种"得"，所谓"亏"也是"盈"的前兆。

目光长远的人不会在意当下是否吃了亏，因为吃亏总是暂时的，暂时的失去与损失，有时却总能得到长远的收益。因此，他们不会浪费太多时间在计较眼前的方寸之间，而是高瞻远瞩，把眼光放长远去看生活，多给自己一些感受幸福的机会。

有时候仔细想想，无论是生活还是工作，很多看似吃亏的事情，其实往往都能在最后得到补偿。当下的吃亏未必就是坏事，更多的时候，牺牲眼前的蝇头小利换取长远的收益，这难道不是明智之举吗？因此，要懂得吃亏是福，不要为了眼前的一己之利而目光短浅，与其斤斤计较那些已经损失的，不如坦然对待，无需难过，因为他日或许会得到意想不到的收获。

林源和几个好友一起去丽江玩，在那里买了很多纪念品，其中也有一些易碎的东西。回来的时候，他们租了一辆微型卡车，把买的礼物运回宾馆。往卡车上装东西的时候，林源的东西被装在了最上面，但是他的一个朋友怕自己的东西在最下面会被压坏，便悄悄地把林源的东西放在了最下面。路上，一处公路损坏了，卡车来回颠簸几次后，最上面的东西因为没有绑紧而掉了下来，人们赶紧下去查看，发现摔在地上的好几件东西都摔坏了……

在这个故事里，起初林源吃了亏，但是他并不计较，后来他成了受益者，而他的朋友却正好相反。

人与人相处，如果总是抱着只想占便宜不想吃亏的态度，凡事都以自己为中心，最后，他多半会因此而成为真正吃亏的人。而那些吃了亏也不计较的人，却能赢得其他人的信任和帮助，最终成为赢家。

有一个人在路边开了一家小便利店，每次下过雨之后，那条小路都会变得泥泞不堪，而且一旦有车从路上开过，就会泥水四溅，而这个地方一到春夏季就会小雨不断。于是，这个人自己出钱运来很多沙石，把自己门前50米的路都铺上了沙石。很多人认为这个人有毛病，干吗要花那份钱呢？他又得不到什么好处。就连他老婆也这么觉得，说他吃亏没够，可这个人却不那么想，他觉得，如果不铺的话，一下雨路就泥泞不堪，那么，人们便不会来他的便利店买东西了；而且车从泥泞的路上经过时，每次都会把泥水溅进屋子，他每次都要重新清理。但铺了沙石以后就不同了，表面上是方便了居民和过往的车辆，其实受益的还是他自己。

所以，我们完全没有必要为了吃亏而耿耿于怀，很多时候，一时的吃亏往往能换来一生的福报！

退让是为了更好地前进

俗话说得好，要灵活做人，能进能退，能屈能伸，不能盲目冲动，因为冲动是魔鬼，常常导致我们的失败。无数的事实证明，不懂进退，为了一时的面子、好胜心而盲目行动的人，常常会造成满盘皆输的局面，甚至丧失了从头再来的机会。

我们活着不是为了和谁争面子，因此不要面对什么事情都一副强硬的态度，什么事儿都得自己当先，不懂得退让，那样只能让我们自己受伤，也伤害了别人。每个人都该懂得退一步海阔天空的道理，退让也是一种维持良好人际关系的手段，能够化解很多一触即发的矛盾。

以退让为开始，以成功为结束，这样的人才是笑到最后的人。同时，这样的人在收获成功的同时，往往也能得到很好的人际关系，因为他们总是表现得以他人利益为先，因而更能得到他人的青睐。

陈强是白手起家的，经过 20 多年的打拼，曾经摆地摊卖家用小电器的他如今已经成为一家民营家用电器公司的老总，公司发展得非常不错。

然而好景不长，没过多久，国外一些知名品牌的家电纷纷进入当地市场，价格与国产品牌相差不大，许多人都选择外国的大品牌，于是，陈强的家电面临着严重的滞销。此时，陈强面临一个抉择：是继续投资还是取消投资。

陈强在公司里开了十几次会议讨论这件事，很多人都认为应该继续投资，毕竟公司对这个领域比较熟悉，而且他们始终是有一部分市场的。陈强感到很为难，随后他花了半个月的时间去走访家电市场，经过一系列的调研，最后他决定停止投资，另辟蹊径。陈强感觉到老百姓的生活越来越好了，如果再做一些低端的东西肯定是没有市场了，然而考虑到他们自身去做高端产品的确难度很大，于是，陈强决定投资建家电超市。当时市场上还没有什么大型家电超市，所以人们买家电常常要东一家西一家地跑，很麻烦，而陈强开的超市在很大程度上方便了大家购物。陈强还将自己的一些滞销家电放在超市里进行促销，比如满额换购等等，不出两个月，他的滞销家电便销售一空，他的家电超市也经营得红红火火，开辟了一条新的生财之道……

退让不等于消极逃避，相反是另辟蹊径的智慧，经营事业需要胆识与智慧，经营人生更是如此。面对竞争激烈的社会，我们只有保持冷静，学会以退为进，才能走得更远，跑得更快！

不懂以进为退，难得圆满结果

这是一个竞争激烈的社会，在很多人印象中，不争就意味着失败。很多时候，人们分不清何时该争，于是就事事都争，但无数事实告诉我们，事事都争、丝毫不懂得以退为进的人，往往难以有个圆满的结果。

人生是一个选择与放弃的过程，如果我们总是不愿放弃，总想得到一切，那最后常常会因小失大，甚至落得个一无所有。相反，如果我们能够将目光放长远，不要为了眼前的小利而斤斤计较，那么定能获得更多。

一家公司最近打算选一个新的经理，候选人有三个，这三个人都想成为经理，但现实很残酷，坐上那个位置的只能有一个人。为了选出一个最适合的人选，总公司专门派了一个人来对这三个人进行考察。

总公司派下来的人给三位候选人分配了一个任务：一家公司欠了他们公司一笔数额不小的款项，让他们去追讨。

第一个人去了，他很急切地想要得到结果，但是那家公司正遭遇财务危机，根本拿不出钱来偿还，于是，第一个人在百般无奈的情况下将这家公司告上法庭，但法院清查了这家公司的财政状况之后发现，这家公司目前的确没有任何偿还能力，只能变卖公司内所有东西来偿还，不过那些东西的价值也不多；

第一个人没办成，于是第二个人去了，不过他也没想到别的更好的办法，甚至还因为还款的事情和对方的经理发生了口角，问题也没能解决；

到了第三个人去的时候，那家公司已经不打算接待了，但是第三个人却很温和地说自己并非来讨债的，而是来帮忙想办法的，那家公司的经理这才接待了他。在了解到公司的难处之后，第三个人允许这家公司延后还款的时限，还可以采用分期还款的方式，这一次先付总欠款的30%，剩余的部分延后半年再付，这让对方公司的经理感到非常高兴。不过第三个人也说了，自己的行为属于私自改签协议，回去之后势必要受到处分的，最近公司也在进行业绩考核，因为忙着还款的事情，也没怎么去联络客户。那家公司的经理一听，也明白了他的意思，马上说如果协议可以改签，让公司度过财政危机，他可以把公司的大客户介绍给他们。第三个人去之前就已经调查过这家欠款的公司，知道他们的老板其实还经营着一家公关公司，之所与出现欠款拖欠的问题，是因为公关公司接的很多大项目都没有及时付款项造成的，但这说明那家公司完全有能力还清负债，而且手头上也有很多大客户资源。

就这样，第三个人带着处理方案来到总公司派下来的人面前，那个人对此非常满意。第三个人没有像前两个人一样咄咄逼人，而是懂得自己先退一步，让对方感到你在为他着想，但事实上，第三个人为公司造成损失了吗？绝对没有，相反，他为公司要来了一批珍贵的大客户资料，要知道，这些大客户的价值远远超过那笔欠款。

从人生的角度来看，退一步不失为一种策略。在现代社会中，我们缺少的就是这种以退为进的策略。人如果太过急功近利，一味争强好胜，未必能够得到想要的东西。相反，后退一步，反倒能走得更远……

功成身退者是识时务之人

"名"，是一种荣誉、一种地位。"名"还常常与"利"相连，有了"名"，就可能获得更多的利益。总之，"名"以及与之相连的"利"的确十分诱人，许多人奋斗的动力正来自于此，"名利双收"成为了许多人一生孜孜以求的目标。

孟子曾经说过，"养心莫善于寡欲。其为人也寡欲，虽有不存焉者寡矣，其为人也多欲，虽有存焉者寡矣。"意思是说，如果一个人心中的欲望是很有限的，那么对于他来说，从外界获得的东西是多是少都与自己无关，少了也不会产生内心的不平衡，多了也不会助长自己的欲望。而若一个人充满无尽的欲望，那么他永远也不会有舒心的时候。在"名利"的驱动下，很多人一心想着往上爬、挣大钱，欲望不断膨胀，如此循环下去，永远追求着名利，直至生命的尽头仍然得不到满足。

所以说，一个人不要把名与利很得很重，别太迷恋名利场。古往今来，看淡名利的人往往有好的人生结局，而把名利看得如性命一样重要的人，最终常常丢了性命。

范蠡是战国时期的越国重臣，刚愎自用的越王勾践不听范蠡的劝告，以致兵败夫差，导致越国灭亡。失败了的勾践终于听从大臣的忠告，卧薪尝胆，十年生聚，十年教训，终于伐灭了吴国。伐吴战争胜利之后，范蠡在长期与勾践共事的过程中，深深认识到了勾践的本质，所以他毅然决然地"取珠玉，率从属"而隐居于齐国，"自谓鸱夷子皮，耕于海畔，父子治产，居无几何，致产数万"，并同时发信给同朝大臣文种，提醒他："飞鸟尽，良弓藏，狡兔死，走狗烹。越王为人长颈鸟喙，可与共患难，不可与共乐，子何不去？"但文种最终也没有清醒过来，一直对已志得意满的勾践抱着一丝希望，然而等待他的却是赐剑自裁的命运。范蠡在齐国又被聘为相，但对"名利"有着深刻认识的范蠡始终保持着清醒的头脑，懂得"居家则致千金，居官则致卿相，此布衣之极也，久受尊名，不祥"。他辞掉了相印，散尽余财，隐居于陶，终其天年。

范蠡在政治斗争与个人生命意志张扬之间难以寻觅生存空间时，转而跳出政治斗争的漩涡，这是对勾践这个曾共患难的君主有了清醒认识后的明智选择。他毅然放弃了一时的荣华富贵而去追求生命的解放和自由，这不得不让人生出许多敬佩之情。

同样懂得急流勇退、功成身退的还有汉朝的张良。汉留侯张良年轻时侠肝义胆，为给韩国报仇，曾与一壮士在博浪沙谋刺秦始皇，后来投靠刘邦，为刘邦的帝业立下了汗马功劳。刘邦对张良高度评价并给予了丰厚的赏赐，"运筹帷幄帐中，决胜千里外，子房功也，自择齐三万户"。但深深了解刘邦的张良知道这不过是一时的心血来潮，遂推卸了这份厚赐。刘邦死后，吕后称制，张良预感到一场政治风波即将到来，也清醒地认识到吕后的残忍本性，因此，他自称"愿弃人间事，欲从赤松子游耳"，并煞有介事地"学辟谷，导引轻身"，向吕后显示自己并无掌控朝政的野心，没必要对自己下毒手，最终以这种"隐于市朝"的特殊方式躲过了杀身之祸，保全了自己和家人的性命。

功成身退之举，不仅体现出张良博大的胸襟，也显示了他善于审时度势的睿智。张良因急流勇退而成为盛极之世的良臣，风采焕然，为后世表率。而战国时代的商鞅却不知功成身退，结果落得个悲惨的下场。

商鞅辅佐秦孝公时，以历史上有名的"商鞅变法"的功绩，奠定了自己的地位，同时巩固了秦国的统治。然而，他最大的不幸，就是触犯了秦孝公。当初，商鞅断然采取极其严厉的政治改革措施，虽为秦国政治清明、富国强兵做出了根本贡献，但改革也触动了新兴地主阶级的利益，一时间商鞅在朝野上下树起了数不清的政敌。然而，有秦孝公的支持，政敌对他也无可奈何，但他也使秦孝公感到威胁。《战国策》中记载："孝公疾起，传位商君，商辞而不受。"这是孝公故意传位，以试探商鞅，可见商鞅已经受到怀疑了。这时他本应主动"功成身退"，隐遁避险，另有赵良引用"以德者荣，求力者威"之典故力劝商鞅隐退，但商鞅在不以为然、固执己见。最终，秦孝公将他的权力驾空，政敌也伺机报复，秦孝公一去世，政敌们在新王即位后，纷纷策谋陷害他，终以谋反罪名将他处以五马分尸的极刑。商鞅一世荣华顿时化为乌有，死后仍骂声不绝。商鞅之所以惨遭毒手，是他太不识时务，只知进，不知退，故而引起众怒。

《菜根谭》里说：世人只知道拥有名声地位是令人快乐的事，却不知道没有名声地位的快乐才是真正的快乐；世人知道挨饿受冻是令人忧虑的事情，却不知道不愁吃不愁穿但精神上有某种痛苦才是真正的痛苦。

所以，真正懂得功成身退的人，是识时务的人，他知道何时保全自己，何时成就别人，以儒雅之风度来笑对人生。

懂得变通才是揽获幸福的秘诀

在人生的道路上，"一条道走到黑"是不明智的，会遇到很多困难和障碍。这时，与其困在强大阻碍面前不能前行，不如换个想法、拐个弯走。

拐个弯走不是懦弱的而表现，不意味着退却或放弃，而是对人生的一种审视和变通。聪明的人不会把时间的浪费在一条行不通的路上面，他们总是能够审时度势，"曲线救国"；而缺乏人生智慧的人常常无法做到这一点，他们大都"一条路走到黑"，即便是陷阱也往里钻……

人生如攀岩，我的目标是到达山顶，只要能到达山顶，便不在乎是走哪条路上去的。有些时候离山顶最近的路岩石密布，就算再有能力的人挑战起来也是危险重重，很有可能前功尽弃；若是避开岩石而行，虽然距离远了，但却能够更为顺利地到达山顶，这也不失为明智之举。

墙壁上有小地方沾上了一些油，一只蚂蚁往墙上爬的时候经过了那里，很快便从墙上滑了下来，但是它没有放弃，依旧往上爬，不过每一次都会遇到那个地方，接着每一次都滑下来，这样反反复复不知道多少次，它也没有能爬上那面墙。实际上，它只需要改变一下路线，就能顺利地爬上墙壁，但是它没有，一意孤行地重复原来的路线，然后一次次失败。其实它完全可以更顺利地爬到墙面上，而它却未曾想过改变自己的路线，永远徘徊在误区之中，它的努力全部变成了无用功。

毫无疑问，人生的道路上，没有人愿意走曲折的道路，谁都希望走上一条笔直的大路，一路畅通地走到自己的目的地……然而，当"此路不通"的时候，与其"一条道走到黑"，不如另辟蹊径，即使路途遥远曲折，但只要你坚持走下去，总能达到你想去的地方。

生活中的许多事情都需要我们做到曲折前行，迂回前进。比如面对一件事情或者一个问题，当我们的思路受到阻塞的时候，不妨换一种想法再去思考，换一个角度再去面对，这个时候也许就会茅塞顿开，有种豁然开朗的感觉！

一个温州商人开了一家服装厂，起初生意做得有声有色。但是随着其他的服装厂越开越多，尤其是一些国外的知名服装品牌纷纷在本地开厂后，他的生意越来越难做了，他思考之后，觉得在这样竞争激烈的情况争得一席之地实在是太难了，于是，他决定转战其他尚无人开发的市场，他开始放弃服装制作，转而投如服装相关的零附件的生产，比如拉链、纽扣等等。这些看似都是一些小东西，却给他带来了很高的利润，因为他生产的产品款式非常新，他的订单反而比以前做服装还要多，而且只要是做衣服就需要这些材料，市场非常广阔。他以前是和各服装厂竞争，现代却依靠服装厂发财，转变了思路，他在短短的两年间就赚了以前四五年才能赚到的利润。

日常工作中，我们也必须有灵活变通的心态和智慧，凡事都应该有换个思路想想的念头，根据不断变化的形势及时转变自己的思路，沿着曲折之路向成功迈进。相反，如果你不能审时度势，总是"一条路走到黑"的话，你是无法到达你的目的地的。

吃亏是一种"隐性投资"

吃亏不是一种损失，而是一种"隐性投资"。凡事礼让三分，尽可能地多为他人着想，能不计较的就不计较，能成全的就成全，这是最好的"人情投资"。

有些人最怕吃亏，宁可让别人吃亏自己也不能吃亏。可是，真正明智的人懂得：吃点亏不是什么坏事，吃亏是福。

不怕吃亏，并不是每个人轻易就能做到的，需要有容人的雅量和能屈能伸的豁达心态。能够吃亏的人，往往一生平安，幸福坦然。吃一堑，长一智，吃亏不亏，惜福得福。

以前，在北边的边塞地区有一个人很会养马，大家都叫他塞翁。有一天，塞翁的马从马厩里逃跑了，越过边境一路跑进了胡人居住的地方。邻居们知道了这个消息，都赶来慰问塞翁，让他不要太难过，没想到塞翁一点都不难过，反而笑笑说："我的马虽然走失了，但这说不定是件好事呢？"

过了几个月，这匹马自己跑回来了，而且还带来了一匹胡地的骏马。邻居们听说这个事情之后，又纷纷跑到塞翁家来道贺。塞翁这回反而皱起眉头对大家说："白白得来这匹骏马，恐怕不是什么好事！"

塞翁有个儿子很喜欢骑马，有一天他骑着这匹胡地来的骏马出外游玩，结果一不小心从马背上摔了下来，跌断了腿。邻居们知道了这个意外，又赶来塞翁家慰问塞翁，劝他不要太伤心，没想到塞翁并不怎么难过、伤心，反而淡淡地对大家说："我的儿子虽然摔断了腿，但是说不定是件好事呢！"

邻居们都莫名其妙，他们认为塞翁肯定是伤心过头，脑筋都糊涂了。过了不久，胡人大举入侵，所有的青年男子都被征集去当兵，但是胡人非常剽悍，所以大部分的年轻男子都战死沙场，塞翁的儿子因为摔断了腿不用当兵，反而因此保全了性命。这个时候，邻居们才体悟到，当初塞翁说的那些话里所隐含的智慧。

这个寓言故事告诉我们，当下的吃亏，未必就是坏事。更多的时候，损失蝇头小利会换得巨额大利，吃亏后才会懂得珍惜。

好胜的人通常是不愿意吃亏的，什么事都要争个你死我活，这种不愿意吃点小亏的人，最终的结果就是吃大亏。

海滩上的蓝甲蟹分为两种，一种是较凶猛的，不知躲避危险，跟谁都敢开战；另一种是温和的，不善抵抗，遇有敌人，便翻过身子，四脚朝天，任你怎么叼它、踩它，它都不理不动，一味装死，宁可"吃亏"。

如此，经过千百年的演变，出现了一种有趣的现象：强悍凶猛的蓝甲蟹越来越少，成为了濒危动物；而较弱的蓝甲蟹，反而繁衍昌盛，遍布世界许多海滩。

动物学家研究发现，强悍的蓝甲蟹之所以濒临灭绝，一是因为好斗，在相互残杀中首先被消灭了一半；其次是因为强悍而不知躲避，被天敌吃掉一半。而软弱的、会装死的蓝甲蟹，则因为善于"吃亏"，善于保护自己，反而保全乃至壮大了自己的族群。

从以上事例中我们可以看出，弱与强、吃亏与不吃亏，很多时候不能只看表象，而要将眼光放长远。"吃亏"不仅是一种境界，更是一种睿智。不能吃亏的人，在是非纷争中斤斤计较，局限于"不能吃亏"的狭隘心理中，这种心理会蒙蔽他的双眼，使其失去更多。

学会吃亏，是一个人修炼平和心态的出发点。如今很多人都爱表现出"寸土不让"的架势，最终往往碰得头破血流；而以"吃亏者"的姿态行事，人自然会谦虚谨慎，别人也会愿意接受，反而会使一切顺畅，成为长久的赢家。

1908 年，美国有一个叫希尔的年轻人接受了一位全国最富有的人的挑战，答应不要一丁点报酬为这位富翁工作 20 年。表面上看，希尔吃了大亏，因为这 20 年正是他年富力强、最能创造财富的时期，可是实际上希尔获得的是远比他应得的报酬还要多得多的回报。

事情是这样的：

年轻的希尔去采访"钢铁大王"卡耐基。卡耐基很欣赏希尔的才华，对他说："我要向你发起挑战：此后 20 年里，你能否把全部时间都用在研究美国人的成功哲学上，然后给出一个答案，但条件是我除了写介绍信为你引见这些人，不会对你作出任何经济支持，你肯接受吗？"

虽然没有酬劳，但是希尔相信自己的直觉，接受了挑战。在此后的 20 年里，他遍访美国最富有的 500 名成功人士，写出了震惊世界的《成功定律》一书，并成为罗斯福总统的顾问。

"吃得亏"，这就是希尔之所以能成功的最重要的秘诀。希尔后来回忆说："全国最富有的人要我为他工作 20 年而不给我一丁点报酬。一般人面对这样一个荒谬的建议，肯定会觉得太吃亏而推辞的，可我没这样做，我认为我要能吃得这个亏，才有不可限量的前途。"

世界上没有白吃的亏，有付出必然有回报。一个人如果斤斤计较，往往得不到他人的支持。只有放开度量，从长远的角度思考问题，才会发现吃亏实际上是一种"隐性投资"，吃亏是福！

第九章

隐忍与豁达是通向幸福的必经之路

多一份忍耐，生活便会多一份幸福

生活中很多人以为，忍耐是弱者的行为，忍耐会让自己丧失争取幸福的权利，其实不然。对于一个真正明白何谓幸福的人而言，只要他有决心、有能力，不管他忍耐多久、如何忍耐，都是能够获得成功与幸福的，而且他的隐忍会使他更具魅力与内涵，更易受到人们的欢迎。

人的一生中需要忍耐的事情很多，忍耐不是逃避，而是一种智慧，因为忍耐能使我们获得新的契机——忍耐误解让我们获得理解；忍耐贫穷让我们获得财富；忍耐失败让我们赢取成功……每一次忍耐背后其实都是更多的回报，就像寒梅挺过了严寒就能面对暖春。

中国人自古以来就以忍耐为一种美德，但就现代社会而言，这种历史传承下来的美德却与我们日益竞争激烈的社会不大合拍：现在的人都在"争"，谁愿意"忍"呢？的确，没有人愿意自己的利益受损，但是一味的争抢就能让你获得你想要的一切吗？答案显然是否定的，事实上，"争"会让你失去更多，当你与他人发生矛盾时，争的结果势必是双方受损，但如果能够"忍一时"、"退一步"，懂得化干戈为玉帛，便是一种双赢的大智慧。

人们常说"忍字头上一把刀"，这把"刀"让我们痛，但更令我们痛定思痛；这把"刀"削平了我们的锐气，也雕琢出了我们的勇气。只要我们身在社会中，就避免不了纷争，这个时候，就更不少了隐忍的态度。

古时候，一个人气冲冲地问一个老者："刚刚有人羞辱我、嘲笑我、蔑视我、让我当众出丑，我该怎么办？"

老者笑了笑，气定神闲地说："你不必去理会，对他说的话当作没听见，他想怎么样你就依着他，主动让着他，装聋作哑地漠视他，看他还能做什么？"这种忍耐不是对一个人的挑衅认输，而是人生中的大智慧与勇气所在。

很多人认为忍耐便是一种妥协，其实忍耐并非只是单纯的退让，生活中，任何人的妥协都不仅仅是为了避免争吵、争斗，往往还带有一种坚持，这种坚持实际上来源于一颗坚定的心，而拥有坚定内心的人往往能包容一切。

人的一生怎么可能时时处处顺利，当遇到不如意、不顺利的时候，一个人的忍耐力往往能够发挥出惊人的作用，起到出奇制胜的效果。无数的事实也告诉我们，在小事上忍耐不住的人，常常会因小失大，最后一无所获！

两个在商场上竞争得如火如荼的人一起去竞拍某块地皮，两个人互不相让，争得面红耳赤，争相给出高价，甚至开出了天价。这个时候能够忍耐一下不去争的人才是赢家，因为另一个人会为了一时的意气之争而用天价购买了那块地皮，等到他清醒之后就会恍然觉得其实是吃了大亏……

忍一时风平浪静，这句话诠释着人生中的大智慧。无论是工作中还是生活里，现实中处处都需要我们的容忍之心。很多时候，容忍一时不难，但要做到时时处处包容忍耐，这便是难能可贵的精神，而一个人能做到如此，也势必将大有所成。

人生有巅峰的辉煌，也有低谷的落寞，只有那些在低谷之中还能够坦然以对的人，才能成为真正的赢家。走过低谷，前面便是海阔天空的豁然开朗，回头来看，那些低谷里坚强忍耐的日子更是难能可贵，而在那些痛苦的日子中的挣扎与执着，更将成为我们人生路上最宝贵的财富！

忍耐是人生最好的磨炼

忍耐是一种美德，是一门学问，忍常人所不能忍，这是做人的修养，更是成功的必备素质。正所谓"百忍成金"，忍耐是人生最好的磨炼，一个人必须懂得适时忍耐，因为忍一时终会换来一世的辉煌。

在这个世界上，有人的地方就会有是非发生，人与人在相处过程中不可避免要发生一些摩擦，尤其是就当下而言，处处充满了竞争和压力，冲突在很大程度上被放大了，往往一触即发。所以，我们一定要时刻在心里提醒自己：忍耐是金！

一个人只有能忍，才能百炼成钢，才能做到静待时机，奋力前行；一个人只有能忍，才能对自己的人生进行沉着冷静的思考，才能明辨是非，权衡利弊，懂得为人处世的道理，让自己人生少一些不必要的烦恼，多一些快乐，从而更加幸福。

郭桥从原来公司辞职后，来到一家公司面试经理助理的职位，但是这家公司面试的要求很古怪：要每个面试者先去拜访一个客户，以此来判断他的工作能力。虽然要求有些古怪，但对于这家做销售起家的公司而言也的确有些道理。

于是，很多和郭桥一样来面试的人便被安排到不同的时间去拜访客户，但是他们一个个都无功而返，有的人甚至还和客户吵了起来，他们抱怨那个客户简直就是无理取闹。

这天郭桥也来到了客户家里，他敲门敲了很久，见没人开门，便趴在门上一听，里面有电视的声音。"这说明家里有人啊！"郭桥心里想着，又敲了敲门，这个时候里面的男人很不耐烦地喊道："敲什么敲？"

郭桥很耐心地解释，自己前来的目的是做一个回访，想不到男人却说："那好吧，你在门外等一会儿，我正看到精彩的部分，看完再给你开门！"

郭桥一听有些生气，心想这人太没礼貌了，但转念一想，做销售不就是这样吗？自己以前也做过回访，也遇到过蛮不讲理的人，见怪不怪了，忍忍吧！

半个小时后，男人开门，一见郭桥，不禁惊讶地说："哎呀，我给忘了你还在门外，我现在要去菜市场买菜，又不能让你进屋里等，因为家里没人，万一你是个小偷怎么办？"

郭桥一听更生气了，但还是心平气和地对那个男人说："没关系，您买菜要紧，菜市场快要关门了，您快去吧，我还是在这里等您吧！"

男人一听也是一愣，然后便走了，快7点的时候，男人才回来，但是他没买菜，他见到郭桥后说："我去菜市场逛了一圈，没什么好吃的，就在楼下吃了点烧烤，走吧，现在你可以进屋了。不过，我怕你们跑业务的人哪里都去，鞋不干净，这样吧，你把鞋脱在外面吧。"

郭桥脱了鞋，但是那个男人没有给他拿拖鞋，还说拖鞋都是亲戚朋友们用的，一般不给外人穿。

郭桥依旧没有面露不悦，而是点点头。随后，郭桥开始对男人进行回访，每一次他面对男人的有意刁难都忍了下来，而且很耐心地解释给男人听，当他终于做完这份调查时已经是晚上八点半了，他松了一口正准备转身离开，突然被身后的男人叫住了，他一改刚才的态度，笑着对郭桥说："年轻人，我很荣幸地告诉你，你被正式录用了！"

原来这个男人不是别人，正是公司的经理。

忍一时的不快，换来的却是圆满的结果，这其实是明智之举。然而现实生活中很多人却做不到这一点，他们常常为了发泄一时之恨而冲动行事，造成了很多错误和遗憾，这是很不值得的。其实只要我们多一份思考与斟酌，并以清晰的头脑、心平气和的态度去面对所有事情，就可以避免人与人之间的冲突，也能避免很多不愉快之事的发生。

忍耐是智者的选择，忍耐不是为了让自己受苦，不是委曲求全，相反，一时的忍耐是为了今后的幸福。要知道，"忍"字除了上边有一把"刀"之外，下面还有一个"心"字，那是一颗容忍之心，善意之心，更是充满了勇气和信念的成功之心。

忍耐，让我们的生活没有不能承受之重，不仅给我们自己带来了安宁，也带给他人更多的平静。忍耐并不会让我们失去什么，相反，我们会收获平和豁达的内心，为自己和他人营造出和谐的环境，在这种环境中，成功和幸福会更眷顾我们！

看淡荣辱，放宽胸怀

强者为什么能够忍受常人所不能忍受的侮辱？是因为他们心中有远大的理想——也就是说，他们身负重任。和他们身上的重任相比，侮辱算不了什么。也许应该这样说："负重忍辱"——因为"负重"，所以"忍辱"。

在有关忍辱负重的典故中，勾践的"尝粪问疾"可谓颇具代表性。勾践从一个过惯了锦衣玉食生活的一国之主，成为吴国的阶下囚，为奴三年，受尽凌辱。他为了活下去，为了生存，为了复国、复仇，甘愿为吴王当马夫，当"上马石"。他为了进一步麻痹夫差，以为夫差看病为名，竟尝其粪便，彻底消除了夫差的戒心，为他的复国大业奠定了基础。

古往今来之成大业者，必有沉稳忍让之心。

有一天，张良来到一座桥上，遇见一位老人。老人的鞋子掉到了桥下边，他以命令的口吻叫张良下去拣鞋，然后再给他穿上。张良乖乖地把鞋拣上来，跪着给老人穿上，一点也没有生气的样子。老人指着桥边的大树说："五天以后，在那里等我，我有东西给你。"

张良知道老人不同寻常，按约定的日子去了，可是老人早已在那里等候，生气地说："你这个年轻人和长者约见，为何迟到？五天以后再来见我。"

第二次，张良不敢怠慢，半夜到了见面的地方。老人又先在那里了，把张良痛骂一顿，让他五天以后再来。

第三次，张良头天一夜没有睡觉，一直等候在树下。老人来到，见到张良非常高兴，说："孺子可教矣。"于是就送给张良兵书一部。据说，这部书就是《太公兵法》，而那位老人就是有名的兵法大师黄太公。

后来，张良帮助汉高祖刘邦打天下，成为运筹帷幄、决胜千里的著名谋士，与其说得力于这部兵书，不如说得益于他能忍能让的处事方式。

在动物的世界里，很多动物在捕猎食物的时候都有一个共同的特点，就是找个地点做好埋伏，准备伏击。人们在成大事之前的"忍"，在某种程度上与之相似，也是以不变应万变，等待时机。

中世纪时的欧洲，教权高于王权，教皇凌驾于各国国王之上。国王的登基和加冕仪式要由教皇亲自主持。教皇接见国王的时候，教皇坐着，而国王却要对他行屈膝礼。出行的时候，教皇骑马，国王则要为教皇牵马带路。

公元1076年，德意志神圣罗马帝国国王亨利与教皇格里高利争夺权力，斗争日益激烈，发展到了势不两立的地步。亨利想摆脱教皇的层层控制，获得更多的自主权和独立权。教皇则想进一步加强控制，把亨利所有的自主权都剥夺殆尽。

在矛盾激化的情况下，亨利首先发难，召集德国境内各教区的教士们开了一个宗教会议，宣布废除格里高利的教皇职位。而格里高利则针锋相对，在罗马的拉特兰诺宫召开了一个全基督教会的会议，宣布开除亨利王的教籍，不仅要德国人反对亨利，也在其他国家掀起了反亨利的浪潮。

教皇的号召力非常之大，一时间德国内外反亨利力量声势震天，特别是德国境内的大大小小的封建主都想兴兵造反，向亨利的王位发起挑战。亨利顿时陷入了四面楚歌的艰难境地。

面对这样的危险形势，亨利虽然很不甘心，但是也知道如果自己不妥协，就会被彻底推翻。所以，他采取了以退为进的变通策略。

1077 年 1 月，亨利只带了两个随从，骑着一头小毛驴，冒着严寒，翻山越岭，千里迢迢前往罗马，准备向教皇请罪。可是教皇故意不予理睬，在亨利到达之前就到了远离罗马的卡诺莎行宫，亨利只好又前往卡诺莎行宫去见教皇。到了卡诺莎，教皇命令紧闭城堡大门，禁止亨利进来。

当时鹅毛般的大雪漫天飞舞，天寒地冻，亨利为了得到教皇的饶恕，顾不上什么帝王的身份，脱下帽子，屈膝跪在雪地上，一直跪了三天三夜。最后，教皇终于打开了城堡的大门，饶恕了亨利。这就是历史上著名的"卡诺莎之行"。

亨利的"卡诺莎之行"终于保住了他的教籍，也保住了王位。

亨利回到德国以后，竭尽全力整治自己的国家，将蓄谋造反的封建主们各个击破，并剥夺了他们的爵位和封邑，将一度危及他王位的内部反抗势力逐一消灭。在稳固自己的阵脚和地位以后，亨利立即发兵进攻罗马，准备消灭位高权重的教皇。在亨利的强兵面前，格里高利弃城逃跑，最后客死他乡。

显然，亨利的"卡诺莎之行"是一种忍辱负重之举。当时他与教皇对峙，国内外反对声一片，特别是国家内部群雄并起，在王位岌岌可危的情况下，为了获得格里高利的信任，他不惜丢下王者之尊，在雪地里长跪了三天三夜，甘于忍受屈辱，其目的在于使教皇放松警惕，使自己赢得喘息时间，以便重整旗鼓，东山再起，和教皇做最后较量。亨利正是凭借着这一能屈能伸、以退为进的变通策略，才得以保住自己的地位，最终建功立业。

留得青山在，不怕没柴烧。德国皇帝雪地长跪求教皇的目的，就是以一时的屈辱换取以后的胜利。如果因为不肯暂时低头而蒙受巨大的损失，甚至把命都丢了，哪还谈得上未来和高远的理想？可是在现实生活中，有不少人为了所谓的"面子"和"尊严"，不管自己的境况如何，而与对方强拼，结果一败涂地，有些人虽然获得"惨胜"，却也元气大伤。

所以，当你碰到对你不利的环境时，千万别逞一时之强，当一时之英雄，只有争取获得最后的胜利，才能算得上真正的英雄。

人非圣贤，对于得失荣辱，谁都难以抛开，但是，要成就大业，就得分清轻重缓急，从长计议，该忍就忍，该退就退。一时的荣辱算不了什么，能够笑到最后的人才是真正的强者。

大智若愚，"愚"是一种幸福

常言道"大智若愚"，是说一个有大智慧的人常常不会在生活中表现得太过精明，而是有意藏拙，不与人争抢，不出风头。只有真正的聪明人才懂得这样做，这是一种不点破的玄机，因为不点破所以留有很多余地，因而更能游刃有余地面对一切。

所谓"愚"并非真的愚笨，而是一种智慧，是一种达观的生活态度。在"愚"的背后，隐含的常常是大智慧与大学问，但这些人给人的直观印象常常是有些"迟钝"，这也是"大智若愚"这个成语的由来。

大智若愚是一种处事的方式，一种态度，大智若愚之人通常能够心平气和地面对生活，遇到问题不惊不乱，看淡得失悲欢，他们的生活总是那么从容，那么淡然。这样的人凡事看透了也不会言明，心里清楚却未必在嘴上说出来，正因此，他们时常透着那么一点神秘感，让人忍不住想接近。

常言道，聪明难，糊涂更难，这话不假。聪明是一种天赋，但糊涂却是一门艺术。聪明太过显露难免招人嫉妒，甚至可能招来祸患，而糊涂却能让你的人生更加自在，更加从容。

我们不断努力拼搏是为了什么？不过是为了能够过上幸福的生活。但要想获得幸福，不仅仅需要努力，还需要"难得糊涂"的心境。

糊涂是一门学问，是一种为人处世的策略，糊涂就是对很多无谓的事情做到视而不见，不见而无烦恼，便是这个意思。

很多时候我们不难发现，对一些事情看得太仔细，最后受伤害的是我们自己，相反，睁一只眼闭一只眼反而释然的多，不仅能够避免惹祸上身，还能还自己一些清净；而有些人刨根究底，最后多半得不到什么好处。

生活中处处充满了这样的学问，比如我们每个人都有自己的缺点和毛病，平日与人交往的时候，我们极力地隐蔽，然而在对待别人的时候，我们却张大了双眼，对方身上任何一点缺点和毛病都看得清清楚楚。这样一来，对方永远不会让我们感到满意，有些人甚至觉得这个世界上没有一个人能令自己满意。如果一个人总是在寻找别人身上的缺陷，那么在处理与他人之间的关系时，就无法以客观的态度和平和的心态去面对。相反，如果我们能够睁一只眼闭一只眼，不去看得太仔细，以宽容和释然的态度对待别人的不足，那么，你也会得到他人的宽容，这样，你的生活就会轻松很多，快乐很多！

有这样一个故事：

一位大将军在外征战，为皇帝平息了无数次的战乱，并且深得民心，民间几乎没有不知道他事迹的人。

这一年，皇帝召这位大将军入朝，给他封了世袭的头衔，还赐给他一座城池。他很高兴，准备离开京城赶去皇帝给他的城池就任。在离开京师的时候，很多百姓自发地出来给他送行，这件事传到了皇帝的耳朵里，皇帝表面上说："得此臣国之幸也！"但心里却不免担心，这样的一位大将军，深受百姓爱戴，手握兵权，他日难免成为心腹大患。

一直伴随皇帝左右的一位大臣看出了其中的内情，而他与这位大将军也是交情颇深，便找了个理由到大将军所管辖的城池去找大将军，见了他之后，这位大臣对将军说："你可听过'伴君如伴虎'这句话？你现在功高盖主，难免引起皇帝的疑心，而且百姓自发送你的事情也传到了皇帝的耳朵里，你想想看，皇帝会如何想？"

大将军一听这位大臣的话，也恍然明白，于是，他便一连一个月设宴喝酒作乐，而且还把动静弄得很大，故意传到京师去，很多大臣纷纷在皇帝面前告状，说他到了他管辖的城池之后只懂得饮酒作乐，没想到，这个时候皇帝却笑了，还替大将军说话："他一直东奔西走为国征战，此时放松一些也是应该的，不必大惊小怪！"

世事变迁，无论你有多么大的功绩，都不能保证你能享受一辈子的富贵与辉煌。当你身处较高的位置时，不要锋芒毕露，而应做到大智若愚，这样才能与周围的人和谐相处。

很多表面看上去精明的人，其实才是真的"傻"，因为他们不懂得处事要保留三分的道理，为人锋芒太露，难免招致灾祸。因此，每个人都该学会大智若愚、守拙藏巧，这是做人的策略，更是幸福的手段！

第十章

化繁为简，才能乐享生活

幸福来自简单

带着新电视回家的喜悦，开着新车回家的激动，打开装着新鞋的盒子兴奋，这样的体验相信很多人都有过。但兴奋之后你会发现，新的事物很快就会不"新"，那令人兴奋的新鲜感稍纵即逝。

有些人不知不觉地把自我价值和自己拥有东西的多少、品牌及最新潮流连在了一起，他们花了大笔钱在各种能带来"优越感"的物品上，在生活空间和内心世界积累了很多杂乱的东西，但是他们不仅没有从这些东西中找到自我，更讽刺的是，这些东西反而阻碍他们了解自己的内心世界。

事实上，拥有的少却能更好地享受生活，其中的快乐和艺术总结如下：

节省精力——所有物越少意味着我们担心的东西就越少，拥有的东西太多反而会给人增添烦恼，因为担心失去它们。

懂得珍惜——拥有的东西越少，我们就会越懂得珍惜，并给予我们所拥有的和真正需要的东西更多关注，进而获得更多的满足感，包括思想的满足和精神上的满足。

谈及幸福，很多人都会感慨，在这个世界上，想要获得幸福不是件容易的事。的确，幸福在很多人眼里如同奢侈品一般，也正因此，无论是男人、女人，毕生最大的愿望都是得到幸福。那么，幸福到底是什么样的呢？而什么样的幸福才是大家心中所想的呢？

不同人对幸福有着不同的理解和认识。有些女人认为，幸福是永葆青春美丽，找个好男人，组建一个好家庭……于是，容貌不佳的女人便开始抱怨自己不幸，觉得自己生活得不如美丽的女人幸福，但事实却未必如此，美丽的女人时常被美丽所累，常常担心自己容颜衰老，反倒活得更不自在，而这样的女人在面临感情的抉择时，就更烦恼，因为她真的不清楚对方是爱上她的脸还是她的心……

大部分男人认为，幸福就是有足够的经济实力，有成功的事业，可是一个人赚的钱越来越多以后，渐渐地他也会感到空虚，因为金钱除了带给他物质享受之外，似乎再无其他的了，金钱既不能带来精神的富足，也不能换来真正的感情，所以，这样的人也不幸福。

那么，幸福到底是什么呢？

有一部迪士尼的动画片，里面一只会说话的狗对他的主人说的一句话让人感触颇深，它说："我无聊的时候就追自己的尾巴，如果每次都追到，那就是幸福！"

这就是狗狗的幸福，在人看来简单得有些可笑，但从这句话中，却不难看出一个道理——简单即是幸福！

其实，幸福不是美貌，不是金钱，也不是任何东西，幸福是一种内心的感觉，而这种感觉常常来自人生最简单的事情，也正因此，幸福其实往往就在我们身边，只是我们不曾感觉到而已。

人们常说"平安即是幸福"、"活着即是幸福"，这些话其实道理颇深。一个人活着，可以享受每天的阳光，可以为了理想而努力打拼，这难道不是幸福的吗？

幸福其实不在于你得到了多少，而是在于你以怎样的心态去面对自己拥有的一切。如果你认为自己是幸福的，那么，你就是幸福的！

同样的道理，那些认为自己不幸的人，多半是因为没有意识到幸福的存在。幸福其实很简单，它就是你的一种感觉，幸福和你所有的权力、财富无关，和别人如何看、如何说也无关，而是在于你是否懂得追寻内心的感觉，选择你真正需要的东西。

曾经有一个网络活动，评选"网络十大平民帅哥"，其中有一个人令很多人印象深刻，他就是在某大学附近摆摊卖烧饼的"烧饼哥"。

因为网络，"烧饼哥"红了，他本可以不再卖烧饼而去做其他事情，但他却继续摆摊卖烧饼。有记者去采访他，问他现在红了为什么还卖烧饼，他却说："我觉得卖烧饼是我的本行，我喜欢做这个，别的我也不会！"

这是个朴实的答案，但是也令人深思。他并没有因为自己的职业而苦恼，相反他开心地过着属于自己的生活，这样的生活或许很平凡，或许不起眼，但是这是他的快乐人生，这其中的幸福是不需要向别人解释的。

由此可见，一个人若想感受到幸福，首先要放下心理的包袱，活出真我，你会发现生活原本就是美好的，现在的自己其实很幸福。

幸福，说到底其实还是良好的心态。心态好了，看什么都是美好的，自然更容易感受到身边的幸福。心态不好，看什么都不顺眼，自然很难体会到幸福了。我们看一个人幸福与否，与其说看他所拥有的，不如去看他的对待生活的心态。心态越简单就越容易体会到幸福，当我们放下利欲之心，用心去感受生活，便会发现，原来生活本身便是一种幸福……

幸福始于心境

越来越多的人觉得自己不幸福，不是因为幸福不在他们身边，而是因为他们总认为幸福不会在低处盘旋，幸福肯定在高处等待，于是，人们奋不顾身地往高处爬，去寻找那梦想中的幸福。殊不知，幸福其实一直都在身边，幸福绝不是遥不可及的。

幸福始源于最简单的心境，它不在高处，更不需要你跋山涉水地寻找，它其实就在你的身边，只要你用心留意，你就会发现，幸福很普通，幸福也很简单。

这么说来，想要获得幸福，首先应做的就是让自己拥有幸福的心境，抛开平日里复杂的想法和太多的杞人忧天，用自然简单的方式去经营生活，这样你会发现，其实你的幸福并未走远，而你的人生也并不像你所担忧的那般灰暗。有了平和的心境，你就能发现更多，得到更多，你的生活也会因此而五彩缤纷。要知道，真正能够满足人心，给人带来幸福感的，往往就是那些生活中简单而平凡的小事儿。

的确，幸福往往潜伏在简单的生活之中，正如有人曾说："简单不一定最美，但最美的一定很简单"。由此可见，简单的生活才是幸福的源泉。

可简单生活这件事，总是说起来容易，做起来不简单，因为人的一生不可避免地会有欲望，有追求，这本无可厚非，毕竟，人如果真的毫无追求、欲望，人生也就没有意义了。但人们在追求目标的过程中，难免为了一些根本无关紧要的事情而分心，被一些不良的心理状态所干扰，比如我们的攀比心理、嫉妒心理……这些本不该有的情绪，扰乱了我们的内心世界，把我们生活变得复杂，心灵也随之而不堪重负，试问，这样的我们如何能体会到生命中的幸福呢？如何能获得简单之中的快乐呢？

我们只有放下那些不该存在的心理包袱，才能让人生轻盈起来，才能在人生之路上走得更加快乐轻松。那么，放在现实生活中，我们该如何做呢？

其实，我们的人生大体可以分为三个部分："我的事情"、"别人的事情"、

"未来的事情"。现实中人们的烦恼多半是因为做不好"我的事情"、因为"别人的事情"而分心、为"未来的事情"而担忧。人们的烦恼因为这些事情越积越多，最后让人不堪重负。因此，想要拥有简单幸福的生活，你首先要看淡"我的事情"不必强求，顺其自然，尽自己的所能即可；别管"别人的事情"，因为这些事情原本与你无关，没有必要咨询烦恼；最后，就是别担忧"未来的事情"，因为以后会怎样谁也不知道，你能做的就是过好今天。如果你能做到这三点，相信你一定会过上幸福的生活！

拥抱自然，身心舒畅

一位健康学家曾经这样告诫在都市生活中的人："想要获得身心的双重健康，就要不时地抬头望望看天空，感受一下自然之广阔！"

的确，现实生活中，我们每天都生活在钢筋水泥的丛林中，抬头看到的只是那么一小块天花板，久而久之，心情难免郁闷，身体也会觉得疲乏。因此，为了自己的身体与心灵的健康，我们应当多花些时间去亲近大自然，去大自然里走一走，去欣赏户外的美景，呼吸新鲜的空气。阳光、蓝天，还有芬芳的泥土，唱歌的鸟儿，盛开的花朵，这些都令我们感恩大自然造物的神奇，更激发我们生命的活力。在自然之中，我们可以将所有的烦恼都抛在脑后，完全地享受那一缕清风带来的畅快……

大自然就是有这种神奇的力量，它可让烦躁的心安静下来，可以让逆境中的人豁然开朗，可以让灰心失落的人重燃起希望的斗志……对于那些懂得欣赏自然之美的人来说，融入大自然的怀抱就如同是享受一次心灵放松之旅，感受山间小溪、虫儿轻吟、阳光微斜、树影交错……这种美丽与恬静是无法用金钱来换取的。

现代都市人生活中钢筋水泥的丛林之中，平时眼睛里看的、身边接触的，都是高楼大厦、车水马龙，人们已经渐渐遗忘了大自然的纯净，在这样的地方生活久了，难免心生烦恼。另一方面，城市钢筋水泥混杂、环境污染较为严重，长时间生活对身体不利。因此，无论出于哪种考虑，无论是为了心理健康还是身体健康，都该不定期地走出城市，走进自然，感受一下自然之美，相信你定会收获颇多。

此外，心理学家研究显示，一个人长时间生活在繁华的都市，极少接触自然之美，他感受快乐的能力就会逐渐下降，甚至开始变得麻木，这也是人在大都市生活久了会变得情感麻木的原因之一；相反，那些生活在乡间、经常与大自然接触的人，不仅更容易感受到快乐，而且心态也会更好一些。

大自然就是有这样神奇的效果，它是造物者给予人类最大的恩赐，我们应该多与大自然接触，多去亲近大自然，这样不仅能够收获轻松与畅快的心情，对身体健康也是大有益处的。

从现在起，适时地抽出一些时间让自己置身于大自然之中吧，去感受大自然神奇的魅力。越是原始的地方，就越能带给你强大的生命力，这也是大自然的神奇之处。在这里，你所有的抱怨都会烟消云散，你所能体会的只是生命的渺小和珍贵。大自然的美丽，不在于它外在的美，更在于它可以让享受这美丽的人感受到生命的美好。因此，当你烦闷的时候，当你感到压抑的时候，为什么不停下前进的脚步，背上行囊，投入到大自然的怀抱呢？让自己在其尽情地放松一回，置身大自然的怀抱，放松心灵，让自己的心灵在自然之中尽情驰骋，放下所有的问题，清空所有的烦恼，只是单纯地享受无污染的空间……这该是何等的快乐与享受啊！所以，追求幸福的我们更要懂得亲近大自然，享受幸福的人生。

找回失去的童心

时间在我们渴望长大的时候似乎过得很慢，而在我们长大后的回首中又显得太快。假如有人问人生何时最快乐，恐怕绝大多数人都会说童年。记忆深处的童年里，捉迷藏、放风筝、踢毽子、扔沙包、跳橡皮筋、过家家、堆沙堡……童年的记忆五彩斑斓，绚烂夺目，充满了欢笑和阳光。相比大人来说，儿童可说是最懂得享受人生的专家了。

有一天，一位年轻的妈妈问9岁的女儿："孩子，你快乐吗？"

"我很快乐，妈妈。"女儿回答。

"我看你天天都很快乐"

"对，我每天都是快乐的。"

"是什么使你感觉那么快乐呢？"妈妈追问。

"我也不知道为什么，我只觉得很高兴、很快乐。"

"一定是有什么原因才使你高兴的吧？"妈妈锲而不舍。

"嗯……让我想想……"女儿想了一会儿，说："我的伙伴们使我幸福，我喜欢他们；学校使我幸福，我喜欢上学，我喜欢我的老师；我爱爷爷奶奶，我也爱爸爸和妈妈，因为爸妈在我生病时关心我，爸妈是爱我的，而且对我很亲切。"

这便是一个9岁的小女孩幸福的原因。在她的回答中，使她感到幸福的一切因素都已齐备了——和她玩耍的朋友（这是她的伙伴）、学校（这是她读书的地方）、爷爷奶奶和父母（这是她以爱为中心的家庭生活圈）。这是简单而单纯的幸福，而人们所谓的生活幸福莫不与这些因素息息相关。

有人曾问一群儿童"最幸福的是什么"，结果男孩子的回答是："自由飞翔的大雁；清澈的湖水；因船身前行，而分拨开来的水流；跑得飞快的列车；吊起重物的工程起重机；小狗的眼睛……"而女孩子的回答是："倒映在河上的街灯；从树叶间隙能够看得到红色的屋顶；烟囱中冉冉升起的烟；红色的天鹅绒；从云间透出光亮的月儿……"

看，童心是如此纯净，如此容易得到满足！我们也曾经那样快乐与幸福，只是岁月的磨砺使我们失去了天真烂漫的本性，失去了那份无邪的童心，或许这就是我们不快乐、不幸福的重要原因。

人长大了，难免会变得世俗，这个时候，看世界的眼光就会发生变化，原来那纯净的心灵也会受到污染。这个时候，我们一定要维系一颗童心，保持一份纯真，只有这样你才能够时刻感受到生活的美好，把握住身边的幸福。

以一颗童心面对世界，以一颗童心感受幸福，这也是很多成功人士一直以来对人生对幸福的真切感受。

某一档综艺节目中有一个年过70岁的奶奶跳街舞，跳得还很好看，当一曲结束后，主持人惊讶地问她："你是怎么想到要学年轻人的街舞呢？"

没想到那位奶奶却说："我觉得自己也不老啊，我经常会去关注年轻人的东西，像这个街舞，还有一些游戏、漫画书我都喜欢……"

这位老奶奶年过70还是那么有朝气、有活力，带给人那么多欢声笑语，这其实完全要归功于她那颗童心，因为童心，她活得非常开心，身体也比一般的老年人硬朗很多。

我们还能够找回失去的童心吗？答案是肯定的。找回童心，也不是多么复杂的事情。古人云："童子者，人之初也；童心者，心之初也。夫心之初岂可失也！"我们若能鄙尘弃俗，息虑忘机，回归本心，便就是找回了童真、童趣与童心。这样，我们就会纯洁无邪，通达自守，并且使我们内心与外在均无求而自足。

罗杰沮丧地从公司大门走出来，他看了看手机，记下了今天的日期和时间，对他来说，这是他一生中最倒霉的一天。

早上他迟到了，却在拼命赶地铁的时候撞见女友上了一个老男人的豪华轿车，就这样结束了一年多的感情；他拼命赶到公司后，得知例会已经开完，他被上司叫到办公室训话，因为女友的事，他心里难受，和上司顶撞了几句，便被上司开除了。

罗杰想着今天上午的种种遭遇，难过极了，他在离公司不远的一个公园里徘徊，有些累了，便找了一处安静的地方坐了下来，越想越难过，甚至有种想哭的冲动。"我的生活真是糟透了！"罗杰自言自语，然后他抱着头低吼了好几声。

这个时候，远处一个正在和小伙伴玩耍的小男孩听到了罗杰的低吼，他犹豫了一会儿，从地上摘了一朵花，叫上小伙伴和他一起来到罗杰的面前。

"你好，这朵花送你好吗？"小男孩小声地说。

罗杰看了花一眼，发现这朵花已经快要凋谢了，心理更难受，就没有回答，但男孩又问了一句，还朝着罗杰旁边的位置晃了晃手里的花朵。罗杰以为小男孩在作弄他，因为旁边的位置根本没有人，为什么男孩还要对着那个空位置说话呢？于是，罗杰抬起头，刚想说什么，却一瞬间什么都说不出来了，因为他看到，那个男孩是一个盲人。

罗杰的心震颤了一下，他接过花，男孩笑了笑说："花很美对吧，我就知道你会喜欢，不过有件事，你能原谅我吗？"

"什么事？"罗杰不解地问

"我妈妈说遇到需要帮助的人要及时帮助，刚刚我听到你的哭声，却犹豫了一会儿，因为我和我的朋友玩得正好，你能原谅我迟疑了一会儿才送花给你吗？"小男孩天真地说。

"谢谢你，这是我见过最美的花。"罗杰说完，小男孩笑了，然后和另一个男孩一起走到另一边去玩耍了。

罗杰看着手里的花，是的，它快要凋谢了，但是它在罗杰眼中却是最美的。罗杰拍拍身上的尘土，站起来，深吸一口气，此时的他觉得这个世界美极了，今天再也不是什么倒霉日，而是一个全新的开始。

生活本该是五彩缤纷的，有美好的暖色调，也会有带来伤感的冷色调。成人眼里的世界，总是有那么多的条条框框，限制了我们的思想，遇到冷色调，我们就会抱怨。事实上，任何一种颜色都是值得开心的，此时，如果我们能像孩子一样，用新鲜的眼光看待这个世界，就不难发现生活中的美好。

幸福从来没有固定答案，它就在每个人的心里。只有那些善于发现、懂得用心感受的人，才能感受到幸福。幸福不是奢侈品，它需要的只是一颗纯净的童心。

寻找并培养你的兴趣

生活中各种各样的原因都会给人带来压力，你是否有时也会觉得不堪重负呢？面对有些让人透不过气的快节奏生活，你应该怎么寻求身体与心灵上的放松呢？

一方面，你必须不断地对自己说："我能行！"不断地鼓励自己，增强自己的自信心和意志力。另一方面，你要积极寻找适合你的调节方式，寻找你的兴趣所在，通过培养你多方面的兴趣爱好，来减轻生活、工作上的压力。

广泛的兴趣爱好，既可以起到放松身心的作用，也可有效地帮你转移注意力，让你心思暂时从繁忙的工作中解脱出来，有利于缓解工作带给你的疲劳感和紧张感，以便于你更好地投入到接下来的工作之中。

无论你的生活条件如何，或是有没有特殊的技能，这都不妨碍你发现并寻找自己的兴趣爱好。相反，无论外界生活如何，你总能找到一个适合自己的爱好，也许你的爱好是收集玩偶、书籍、石头或者滑雪、打球等等，只要你愿意，你就会有很多令你感到放松的兴趣爱好，它们会让你体会到人生的美好与乐趣，让你收获一种满足感。

一位朋友事业有成，但他的生活中除了会议就是交际应酬，虽然他偶尔也会和客户们一起打打高尔夫，一起坐在高档的酒会中欣赏音乐、品味美酒，但是他并不快乐，因为那不是他喜欢的事情，不是他的爱好所在。因此，他虽然得到了很多人梦寐以求的财富和地位，却并不快乐。后来，一个人对他说："为自己选择并培养一个兴趣爱好，那样一来你的生活便会充实而快乐。"

这个朋友当时不相信，难道一个小小的爱好就能给自己带来快乐和幸福感吗？不过他还是去尝试了，他小的时候去过草原，一直向往那种骑着骏马飞驰的感觉，于是，他来到了一家跑马场，当他骑上骏马在马场奔跑的时候，他似乎又回到了自己那个无忧无虑的年龄，几圈下来，他顿时觉得异常轻松，心情也很愉快，从那以后，他一有时间就会去跑马场，不久前他还专程去了一趟真正的草原，在那里骑着马奔驰。看来，一个兴趣爱好真的能够带给人无比的快乐，这是他之前从未想过的事情。

还有一个人很喜欢收藏玉石，不过并非那种价值连城的玉石，而大都是些样子独特的玉石，其中包括一件他去云南游玩时带回来的玉石，那块玉石刻着云南一个部落特有的图案，非常特别而且漂亮。

一次，他的一个朋友来家里做客，看到了那块玉石，甚是喜欢，便想买，于是问他2000元卖不卖，他摇摇头，不是因为朋友的出价不够高，而是因为他喜欢，其实他买的时候只不过花了400块钱。

几天后，不甘心的朋友再次登门，这次朋友愿意出价5000元买，但是他依旧没卖，还告诉朋友，不是价钱高低的问题，只是自己喜欢而已。

谁知到半个月后，这个朋友又来了，还带来了一个人，朋友说，那个人愿意出5万块钱买那块玉，但是他依旧不买，朋友有些不高兴了，便问："是真的不能卖吗？还是你觉得价钱不够高？"

他笑着说："是我自己喜欢，和价格无关，再说这块玉并不值那么多钱！"

朋友一听也笑着说："若不值钱，你怎么不卖呢？"

他见越解释越乱，便找来了一个玉器鉴定师，结果经鉴定师一检验，这块玉的市场价最多在700元左右。

朋友走后，他无奈地对鉴定师说："我是真的喜欢这东西，所以舍不得卖，谁知到他们那么执着，一次一次地登门求购，价格也是一次比一次高！"

鉴定师则说："正因为你喜欢、舍不得，所以他们才觉得宝贵，才会认为你这么不想卖的东西没准是价值连城的！"

的确，一块玉因为主人的喜欢变成了价值连城的宝物，虽然这块玉的实际价值并不高，但是每每见到自己心爱的东西时，玉的主人还是满心欢心，满眼的满足，这种感觉便是没有自己兴趣爱好的人难以体会的。因为有这种感觉，就算是别人看来微不足道的东西，也能成为我们心中的无价瑰宝，也能带给我们无限的快乐与满足！

让自己"自然而然"地活着

电影《2012》告诉我们一个道理：违背自然规律肯定没有好下场。而由此反思人生，生活中的我们，有多少时候是在违背自然规律呢？我们总是渴望得到更多的东西，无论是财富也好，幸福也好……为了这些所谓的欲望，我们对自己人生也像对待自然一般，无止尽地索取，但这样做的结果就像《2012》这部电影的结局一样，你的人生注定会在你无止尽的索取中离幸福越来越远。

其实，太多人不明白，幸福的生活根本不需要太多，获得它只需要做到一点——让自己有一颗能够顺其自然的平常心。

顺其自然是一种乐天达观的境界，更是对自己人生的尊重，也是我们更好地适应社会、适应生活的良好心态。

曾经有一位智者，他家的庭院前面有一大片空地，一日他的一个朋友来访，见了空地便对智者说："你家的庭院有那么一大块空地，一直空着很可惜，不如种点花草装点一下吧！"

智者笑着说："随时。"

因为朋友要在智者家中住上一段日子，便开始替智者张罗起种花草的事情。没想到播种那日，突然刮起风来，很多种子刚撒在地上就被吹走了，于是朋友无奈地对智者说："风很大，把种子都吹走了，白撒了。"

智者却说："没事，被风吹走的多半都是不能发芽的，能发芽的种子多半都在地上。随性。"

没想到下午鸟儿飞来了，落在地上，吃了一些种子。朋友拿起竹竿哄鸟，还叫智者一起来帮忙，智者依旧坐在原地没有动，只说："种子足够多，鸟儿吃不完，随遇吧！"

半年后，智者的朋友再次来到智者家，正赶上那片地上的小花开了，一片片红花，看起来很美。朋友高兴极了，连忙拉着智者出来看，智者只是淡淡地微笑，说："随喜！"

也许你刚看到这个故事，会觉得这个智者对待什么事情都是一副随便的态度，但事实上，这正是这位智者智慧的表现。所谓"随"，不等于跟随，而是顺其自然，不怨恨，不强求。当然，"随"也绝非随便的意思，而是把握机缘，不悲观，不过喜……

其实，这正是生活的本质，没有事情能够完全圆满，也没有事情是彻底的坏事。每个人的一生总要经历无数坎坷，而坎坷过后总要迎来短暂的安逸，但这一切都不是绝对的，固定的。

在漫漫人生之中，遭遇挫折并不可怕，因为没有战胜不了的挫折，问题的关键在于你对待那些不如意之事的心态。

智者看到种子被风吹走没有着急，而是想到能被风吹走的种子一定是重量相对轻、质量不好的，那么，留在地上的种子定是能够发芽的饱满的种子，所以种子被风吹走并不是一件坏事，这何尝不是一种达观、一种洒脱呢？

这种洒脱不是造作的表现，而是来自内心的豁达与平和。内心豁达平和的人懂得，没有必要为了生活中的不顺心而耿耿于怀，他们不会在意成与败，而是懂得自然而然地看待生活，享受生活。

懂得自然而然地生活的人，通常能够抱着平常心去看待周围的一切，对于世间的种种总能多付出一些宽容与理解。自然而然地活着，让我们更了解自身和外界之间的关系，因为自然而然，所以，我们更能看得开。"既然这样，那么就这样吧！"这是一种人生的境界，不是放任自流，更不是"破罐子破摔"，而是更懂得取舍。

现实中，能做到这样的人其实少之又少，因为我们无法做到自然而然，我们没有办法真的让自己随遇而安。我们总是自作聪明地认为，我们可以控制更多事情，于是，我们不顾一切，不达目的誓不罢休，但结果往往是聪明反被聪明误，不仅没能如愿以偿，还常常因此而失去了内心的平静，焦躁不已，感受不到一点幸福。

这个时候，如果我们能够静下来换个角度想一想，结果可能会大不一样。这个世界上，太多的事情不是我们能左右的，该来的总是要来，这就好比人们常说的那句话："是福不是祸，是祸躲不过！"如果我们能多给自己留一些空间，凡事多留一些余地，不要总是一副不达目的誓不罢休的态度，对待生活顺其自然一些，那么，这个世界便不会再有那么多抱怨，也不会再有不快乐的人了。

无论是在工作中还是生活中，我们都该用一颗顺其自然的心，自然而然地面对生活，抱着"尽人事，听天命"的态度去面对人生，不要过分强求，也无需过分悲观，遇到我们可以改变的事情，我们要尽自己的努力去改变；但如果面对的是无法改变的事情，与其白白浪费力气，不如看开一些。对于人生之中的顺境逆境，不必太在意，一切都该顺其自然！

的确，能够乐享生活的人大都是心态平和的人，因为只有这样的人才能够发现生活中的美，才能够做到真正地享受生活。对待同样的事物，不同的人有不同的认识、不同的感觉，因为不同的人有着不同的看待问题的角度。一个失意的人和一个春风得意的人看同一处风景，前者会觉得悲伤且索然无味，后者则多半会认为那是美景，会乐在其中。之所以出现这样的差别，是因为两人所处的心境不同，但面对同样的风景，其实前者也可以获得后者的那种美好感觉，只要他愿意让自己换个角度去看待问题，保持平和的心态对待生活中的那些挫折，不强求，不悲观，懂得自然而然的道理，那么，他也可以获得快乐，可以乐享自己的生活。

自然而然地生活，是一个人的智慧所在，这样的人能够顺应事物，进而能够把握事情的规律，掌握自己的人生。也只有做到自然而然的人，才能有所得，不会终其一生最后一无所有。

不要对生活抱有太多的担忧，顺其自然地生活，凡事不必强求，在自然而然的心态中，你会得到更多！

别为了"打翻的牛奶"哭泣

人们常说，"不要为打翻的牛奶哭泣"，因为这样的结果已经无法改变了，再伤心难过也于事无补。我们与其为了洒掉的牛奶而难过后悔，不如为自己重新倒一杯牛奶。同样，我们对待生活也是一样的道理，与其为了那些无法挽回的事情而耿耿于怀，不如换个角度重新开始，因为无论你多么的难过、懊悔，那都是无济于事的。

不要为打翻的牛奶哭泣，这个道理谁都明白，但要是让我们在生活中实践，估计大部分人都很难做到，即使他们知道了所要面对事情已经无法逆转，但是他们依旧会情不自禁地为"打翻的牛奶"哭泣不止。

腾格尔是一位广为人知的蒙古族歌手，但是 2007 年以后，腾格尔渐渐地淡出大众的视线，不知情的人以为他准备好好休息了，其实他在不久前痛失了自己心爱的女儿，这件事对老年得子的他来说犹如晴天霹雳。在后来的采访中，他的家人回忆，那段时间的腾格尔像是一具行尸走肉，每一天对他来说都是毫无意义的。因为无法消除内心的苦痛，他甚至一个人搬到了无人的草原区生活，每天沉浸在对女儿的回忆与思念之中……

这样一过就是一年多，很多人劝腾格尔打起精神，但也理解他的难过。这个一直以豪放一面示人的男人，在那段时间里陷入了难以抑制的痛苦挣扎之中，甚至觉得生无可恋。

而在那段时间里，他的儿子也出生了，但是当时的腾格尔依旧没能从失去爱女的悲伤中走出来。直到有一次，他年迈的老父亲和他聊天，或许是因为看到年迈的父亲为自己这般担心，或许是因为看到年幼的儿子需要自己的关心和爱护，他决定振作起来，从悲伤中走出来。

鲁豫采访他的时候，他这样说："我以后不会再害怕任何事情，因为这么大事情我都经过了，以后任何事情都会看淡……"

现今我们能够再次见到这位了不起的歌手，而他自己也能够开始新的生活，这都得益于他走出了悲伤，用积极的心态面对人生。试想一下，如果他一直沉浸在失去女儿的悲伤之中无法自拔，那又会如何呢？女儿不会再次回到他的身边，但他可能因此而失去另一段新生活。

生活中我们所遭遇的事情，多半不及腾格尔所遭遇的事情那么让人痛心、难过。既然他可以勇敢地走出痛苦、拥抱新生活，我们为何还要为了那些微不足道的小事而耿耿于怀呢？我们不能因为自己的不舍、不情愿就拒绝接受现实，拒绝开始新的生活，那样我们一辈子都会活在痛苦之中，何谈幸福？

我们都知道，过去的事情已经成为了过去式，对现在的我们而言，无论是悲是喜都已经没有意义了，你能做的是把握好现在。诚然，这对每个人来说都是艰难的，需要勇气，更需要冷静与镇定，但这也是通往幸福的唯一道路。

面对不幸的遭遇，每个人都会悲伤，但悲伤之后我们还要继续自己的生活，我们必须要依靠自己的力量从悲痛之中走出来，而不是永远停在悲痛之中自怜自哀。

无论遭遇什么，只要你愿意，你永远都可以重新开始，以积极的心态迎接新的生活。但如果你始终活在自己负面的情绪之中，那它就会成为一堵墙，挡在你和幸福之间。拆掉这堵墙，你会发现幸福就在眼前。

那些总是为打翻的牛奶而哭泣的人，大都目光短浅，因为他看不到在将来的生活中他还能获得更多的"牛奶"，因而只为了眼前已经失去的"牛奶"而悲伤难过。其实，只要他能从悲伤中走出来，他接下来的人生会得到更多的"牛奶"，只是他自己不知道罢了。

有一部电影讲述了一个女孩从一无所有到成为哈佛大学学生的故事。这个女孩小时候有一个幸福的家庭，但是不久后，她失去了一切：父亲开始吸毒，母亲也酗酒吸毒，不久后她的母亲死了，而她的外公拒绝抚养她，她流离失所，无处安身，后来她被送到了福利院，但是在这里，她的生活依旧浑浑噩噩。

她总是回忆过去美好的生活，总是想到自己所遭受的不幸。为她母亲送葬那天，她趴在母亲的棺材上面，久久地沉默，她突然想到了很多，她想到，如果自己一直这样下去，走不出自己的生活，只懂得抱怨和悲伤，那么，她最终只能生活在社会最底层，也许很多年以后，她也会成为一个吸毒酗酒的女人，那不是她想要的人生。

于是，她想要改变，她找到了福利院的院长，告诉她，她想要上学，想要读书。就这样，女孩来到了一所公立高中上学，但这对她而言很困难，因为她之前只读到初一而已。她想要跟上这里的进度，必须从头开始。于是，她在不上学的时候就出去打工，只要能赚钱的活她都干，无论是刷盘子还是送外卖……晚上她会买一张票，在地铁里学习、看书、睡觉。就这样，她用了一年的时间学完了初中落下的全部课程，又用了一年的时间学完了高中三年的课程，那段日子对她而言是终生难忘的。

这期间，她遇到了在福利院认识的女孩，那个女孩已经俨然一副小太妹的样子。女孩很惊讶她的作为，并且要让她一起加入她们的社团，那里有好吃的，不会挨饿受冻，但是她拒绝了，女孩不解地对她说："你以为你真的能够走出去吗？不要想着改变，你看看你的爸爸妈妈，你就是和他们一样的人。"

但她却坚定地说："我一定要走出去，我不要活在以前的世界里，我要开始新的生活！"

半年后，她参加了考试，并且真的如愿以偿地进入了哈佛。但问题出现了，她需要大笔的学费，于是，她开始为了学费四处奔波，最后得知纽约时报要赞助一个人，她便积极地去争取了。她没有好的出身，甚至以她的出身会遭人唾弃，但是她在争取奖学金的演讲中说："我的妈妈死了，爸爸是个可悲的吸毒者，还染上了艾滋病，但我并不为我的生活而感到悲伤。如果可以，我愿意用我的一切去换一个美满的家庭，但是我知道这不可能，所以，我想要改变我的生活，我要开始新的生活……"

最终她进入了哈佛，每个人都相信，一个全新的世界正等待着她！

人生有起有落，得失只在瞬间，我们不能总抱着过去的眼光去看待生活，遇到困境就一蹶不振。其实，很多时候，我们需要转移自己的目光，让自己从悲伤中走出来，让自己知道，虽然眼前的"牛奶"打翻了，但是生活中还有很多"牛奶"，只有这样，我们才能面对新的自己，新的人生！

我们每个人都该怀着一颗平常心去面对生活中的不幸，只要我们的生命还在，就永远还有希望，不要再为了失去的事情而难过不已，要学着向前看，怀着平和的心态开始你新的生活，这是每个人都该做的事！

时刻保持一份淡然的心情

人这一辈子，不如意之事十有八九，但是在这世界上，幸福的人大有人在，这是为什么呢？因为幸福的人懂得用一种平和豁达的心态去对待事情，在他们的记忆中，多半只会收藏那些令他们满足开心的事情，那些不如意之事已被他们抛在脑后，所以他们能长久地保持幸福。

漫漫人生路，谁没失意过呢？其实失意并不可怕，受挫也没什么大不了的。只要心中的信念还在，只要自己的心里还有一腔热血，即使外界风凄霜冷、大雪纷飞，又有什么好担忧的呢？人们不是常说，磨砺出英豪吗？挫折与困难又何尝不是上天给你成为"英豪"的机会，何尝不是人生另一种形式的馈赠呢？美丽的花朵总会凋零，但你真的没有必要学林黛玉那样多愁善感，要知道花谢了还会再开，来年它又是一朵美丽的花……对于人生而言，这正是一种达观，一种洒脱，一种成熟的心态，一种人情的练达。

做个潇洒的人吧，潇洒不是玩世不恭，更不是自暴自弃。潇洒源自内心的洒脱，而洒脱本是一种思想上的放松，一种心灵的超脱。因为洒脱的心态你才不会终日郁郁寡欢，才不会抱怨自己活得太累。

只可惜太多人不懂这一点，于是才有了对生活的诸多不满与责备，才有了受挫之后的彷徨与不安……反之，如果我们让自己获得洒脱一些，便会发现生活处处有阳光，处处有希望。

让一个人感到不幸福的，往往并不是生命中的不如意或者挫折，而是我们面对这些事情时的心态。如果一个人能保持积极、乐观、向上的心态，那么就算遇到再不顺的事情也不会就此失掉快乐。每个人也都该懂得，那些让你不顺心的事只是暂时的，不代表你的人生会就此怎样，所以我们要做的是勇敢地从逆境中走出来，这时你会发现，人生中还有很多美好的事情在等着你。

现实生活里，太多人因为得不到自己想要的东西或者遇到不顺心的事便耿耿于怀，其实，我们大可不必那样，面对生活我们最需要的就是一颗乐观豁达的心，即便对待那些令人不快的事情也是如此，要知道世事本无常，所谓的倒霉事谁都会遇到。如果你总是想着那些不如意的事情的话，无异于低着头走路，注定会错过身边的快乐和幸福。

由此可见，如果你想要将幸福永远留在身边，就应尽量让你大脑所想的都是快乐的事情，这样一来，你看到的、感觉到的一切都会是积极的、乐观的，也只有这样，你才能够获得人生的礼遇，收获幸福的人生和成功的事业，以及所有你渴望的美好！

无数的事实证明，这个世界上有所成就的人，都是懂得享受生活的人，他们总是能够让自己的生活变得很充实、很快乐，懂得忙里偷闲地找乐子。这也证明一个人如果心态积极，乐观地面对人生，乐观地接受挑战、应对困难，那他就能获得幸福。

一个能够完全支配自己内心的人，必定是一个有能力创造幸福的人，因为他总能学会变通，懂得如何应对生活中的不愉快。

对待你的生活淡然一些吧，不必要为了生活中的不快与不顺而抱怨人生。相反，当你看淡一切之后，你会发现生活反而顺利了许多，其实生活本身并未改变，只不过你的心态变了。

正如《菜根谭》中所写的那样："世事如棋局，不着的才是高手；人生似瓦盆，打破了方见真空。"淡然是人生的一种境界。对某种东西过于看重，会让人患得患失，难免心态失衡。反倒是把事情看淡了，才能最大限度地发挥自己的能力，活出幸福！